U0159222

走近边界、探索未来科学
基础物理学解读宇宙与生命

也许，我们在不确定性边缘的发现有助于人类成为第一种永生物种。也许，我们在本书中探究的内容会成为人类保持永恒的关键。当然，我们不会去探索人类已透彻了解的那些东西。

◎制造人工大脑，认识意识的本质，证明任何事物都存在意识。

◎论证人类与动物同质，人类并非特殊物种，动物也有性格。

◎物种嵌合，动物能产生另一种动物的细胞、组织和器官。人与动物的细胞可嵌合吗？

◎论证表观遗传，环境因素、非基因决定的遗传特性，动物在存活期间习得的某些特性能传递给子代。

◎性别药物，为何同一药物对不同性别的药效存在巨大差异？

◎生存欲望的本质，探寻大脑与心理神经免疫学的关系。

◎量子世界，生物学中的量子怪异行为如何解释？

◎量子计算机，基于量子叠加和量子纠缠的计算机如何构造？论证宇宙量子计算机的存在性，量子论、相对性、时间和引力都是信息的物理性质的表现结果。

◎宇宙大爆炸理论存在严重瑕疵，宇宙起源于哪？

◎神经网络超级计算机的研制能成功吗？宇宙与大脑的嵌合，解决终极计算！

◎论证时间的主观性、存在性，时间只是一种幻觉！

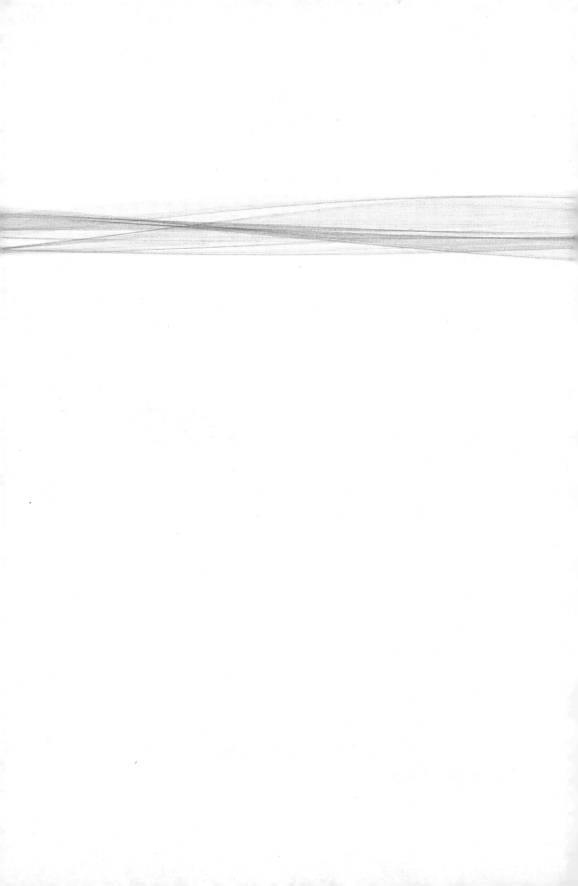

科学可以这样看丛书

At the Edge of Uncertainty

不确定的边缘

使科学感到意外的11个发现

〔英〕迈克尔·布鲁克斯（Michael Brooks） 著

许云峰 译

已知与未知的边缘

人类与动物的同质性、生存欲望与意识的本质

生物学中的量子行为研究、时间的存在性探索

重庆出版集团 🔘 重庆出版社

图书在版编目(CIP)数据

不确定的边缘 / (英)迈克尔·布鲁克斯著;许云峰译. 一重庆:重庆出版社,2020.2

(科学可以这样看丛书/冯建华主编)

书名原文:At the Edge of Uncertainty

ISBN 978-7-229-14554-5

Ⅰ.①不… Ⅱ.①迈… ②许… Ⅲ.①科学发现—普及读物 Ⅳ.①N19-49

中国版本图书馆 CIP 数据核字(2019)第 250251 号

不确定的边缘

At the Edge of Uncertainty

〔英〕迈克尔·布鲁克斯(Michael Brooks) 著　　许云峰 译

责任编辑:连　果
责任校对:谭荷芳
封面设计:博引传媒·何华成

 重庆出版集团
重庆出版社　出版

重庆市南岸区南滨路 162 号 1 幢　邮政编码:400061　http://www.cqph.com

重庆出版集团艺术设计有限公司制版

重庆友源印务有限公司印刷

重庆出版集团图书发行有限公司发行

E-MAIL:fxchu@cqph.com　邮购电话:023-61520646

全国新华书店经销

开本:710mm×1000mm　1/16　印张:13.75　字数:190 千
2020 年 2 月第 1 版　2020 年 2 月第 1 次印刷
ISBN 978-7-229-14554-5

定价:42.80 元

如有印装质量问题,请向本集团图书发行有限公司调换:023-61520678

版权所有　侵权必究

Advance Praise for At the Edge of Uncertainty
《不确定的边缘》一书的发行评语

在这本引人入胜的科普著作中，布鲁克斯用生动的语言详述了前沿科学进行的研究工作。

——《柯克斯书评》

在这本能引起人类疑惑、令人烧脑的作品中，布鲁克斯描述了一些让许多科学家停滞不前，也令普通读者感到困惑的科研领域。这种困惑并非来自布鲁克斯的写作技巧，而来自他所描述的主题令人难以面对——称为"嵌合体"的人/动物的组织结合产生的哲学困惑；我们正经历的时间也许是一种幻觉。布鲁克斯用通俗的语言向大众读者描述了这些令人棘手的问题，介绍了今天世界在这方面进行研究的研究员与研究项目。

——《出版人周刊》

物理学家、科普作家迈克尔·布鲁克斯希望读者以一种新方式观察我们自认为已充分了解了的知识。他谈到了先进的计算、男人与女人的根本差异、生存意愿的作用、宇宙的秘密……这本书会让你感到大脑受到了"冲击"。布鲁克斯希望读者能像他所称赞的那些不断坚持的科学家那样，对探索充满渴望。

——《华盛顿邮报》

在科学家表现不佳的世界里，做了一次生气勃勃的旅行。

——《纽约时报》

引人入胜的《自由基》作者提醒读者：科学进展需要创造力和想象力。

——《费城询问报》

迈克尔·布鲁克斯使我们重新意识到了关于人类生存的惊人事实，我们周围的世界的奇特之处，以及科学还没有发现的许多令人惊奇的现象。

——《星期日泰晤士报》

迈克尔·布鲁克斯是非虚构类畅销书《搞不懂的13件事》和《自由基》的作者。他拥有量子物理学博士学位，是《新科学家》杂志的顾问、《新政治家》杂志的专栏作家。

知识是个人的和有责任的，是在不确定性边缘的不停冒险。

——雅各布·布罗诺夫斯基

目录

前言

> 大胆的思想就像前进的棋子。可能失败，也可能开启胜利。

> ——约翰·沃尔夫冈·冯·歌德
> (Johann Wolfgang von Goethe)

你也许会认为，科学很难出乎意料。毕竟，科学家不都是一些聪慧的且无所不知的人吗？他们不是被尊称为知道所有问题答案的人吗？

确实，科学开启了人们了解世界及其内在运行规律的特别通道。在历史上，科学对事物本质的解释大多数是成功的。但是，在解释世界的过程中，人们发现了未知世界的广阔地平线。

这并不是问题，相反，这是巨大的收获。在科学中，对未知世界没必要感到羞愧，没必要刻意隐藏，应该承认它，探索它。正如潮汐的消长创造了理想的条件，使生命能诞生于海洋的边缘。确定性向不确定性过渡的地方——未知世界的海岸线——是肥沃的土地。

在许多科学领域，我们了解的已经很多，能够获得的已经很少。在这边，也就是海滩靠上的地方，我们能确定一个常数到很小的小数位；在那边，我们正试图更精确地测量信号在脑子的神经元之间传递所用的时间。我们知道，催化剂能促使化学反应更快且更有效地发生；我们发现，另一个遥远的星球进入了我们的研究目录……在海滩上翻捡砾石总能有所收获。这些进展只会增加科学的内容，不会改变任何事情（不会有真正的改变），这就是为什么它们不能制造出重大新闻的原因。牛顿临去世前，在文章中谦卑地讲到了他的毕生工作，他写道，"我就像在海岸边玩耍的孩子，寻找并不时捡起光滑的卵石或者漂亮的贝壳，而真理的海洋依然躺在我的面前等待发现。"但事实并非如此，他所做的很多工作已深入到了黝暗的水域，捞起了令人惊奇的新的真相。

很多人跟随着牛顿的脚步，已走出了安全区，探索我们认知知识极限之外的东西，探寻幽暗的水域，尝试勾画隐藏事物的模糊形状。然后，拿起所有可用的工具，投身水中，抱定决心要将那些模糊的东西打捞上岸。

这是一件危险的事情。在不确定性边缘，我们发现了令人震惊的事情——这些事情使一些科学家仓促地退却了。例如，恩里·普安卡雷（Henri Poincare）发现，解决电磁理论存在的一些异态问题，需要重新思考时间的本质。这一发现使普安卡雷深感不安，他没有再做进一步的研究；后来，阿尔伯特·爱因斯坦（Albert Einstein）冒险进入黑暗水域，提出了狭义相对论。天文学家亚瑟·埃丁顿（Arthur Eddington）曾进行过一些研究，这些研究提出了黑洞的存在，但他不喜欢这样的推断：宇宙结构存在裂缝。所以，当苏布拉马尼扬·钱德拉塞卡（Subrahmanyan Chandrasekhar）利用数学方法证实了上述推断后，埃丁顿极力反对这样的推断，这使钱德拉塞卡的生命变得悲惨。神经学家本杰明·李贝特（Benjamin Libet）是另一位回避不受欢迎的真理的人——他通过实验表明人不存在自由意志，之后，他将剩余生命用以证明自己的发现是个错误。好的科学，重要的科学，不仅能给我们带来启发，也会让我们失去勇气。

有时，在不确定性边缘进行探索，不能获得确定的成果：它只能揭示人类的无知。例如，我们有时会发现，我们早前的科学理解的基础并不牢靠，我们急需更多的证据来支撑它，甚至是放弃它。这看起来似乎是一种灾难，其实并不，因为科学是可变的：它有改变自身内涵的权利。有些科学家可能会做出确定的说明，但另一些人会去尝试推翻他的结论。这些人往往都能取得成功：新实验、新思想和新发现会改变我们对科学前沿的思考，使科学趋势发生逆转，暴露之前实验的不足或曾受人赞颂的科学家的思想存在缺陷。最初的结果通常是，引起恐慌、被拒绝承认、引起嘲笑，或者三者兼有。最后，经过1个月、1年、10年、100年，新的科学思想终于得到认可。也就是说，直到有人敢于站在不确定性的新前沿去接受它。新的观点不可避免地会引起科学的修正和革命。理查德·费曼（Richard Feynman）曾说，"我们了解的任何事情，只是某种程度的近似。""因此，我们了解一件事的目的是再次忘掉它，更多的时候是修正它。"这就是伽利略、牛顿、达尔文和爱因斯坦工作的核心目的。所有的变革者都曾经被挑战、被接受，然后再次被挑战。正如萧伯纳所说，"所有伟大的真理都是以亵渎神明而开始的"。

科学存在问题的地方是，我们的集体记忆非常短暂。当我们最终接受新发现的时候，我们会忘记曾经的混乱。传统上，我们的做法似乎说明：真理始终伴随我们，它总能自我证明。为了使我们接受"誓死捍卫"的观点，我们会选择忘记一些人所承受的长年迫害。因此，我们变得适意，以至于我们会肆意迫害那些干扰我们安静状态的人，不论男女。以原子为例——今天，没人否认它的存在，也没人认为它是无意义的虚构，原子是我们世界观的组成部分，语言的组成部分，集体历史的组成部分。但是，它并非始终如此，如同奥地利物理学家路德维希·波耳兹曼的悲剧故事所显示的那样。

如果是在今天，波耳兹曼一定会被诊断为躁郁症患者。他的情绪在欢欣鼓舞与深度抑郁之间不停转换。情绪高涨时，他是快乐的——他的学生喜欢这个状态的他，他在维也纳大学的演讲有时会听众爆棚，听众站满讲堂的走廊与楼梯。情绪低落时，他会显得非常灰暗，同事的拒绝常常会激发他的这种状态——例如，1900年，与本部门的成员发生争论后，波耳兹曼曾试图自杀。

关于原子的存在，始终存在一些积怨。波耳兹曼确信原子以某种形式存在；他的大部分同事，甚至当时一些很有影响力的人，都不相信原子的存在。尽管原子的概念在今天看来，是如此的显而易见，但与波尔斯曼同时代的许多人却死守着模糊的能量概念。在他们的心中，工业革命提高了能量的位置，能量成为了当时的现实世界的基本分量。他们相信，作为新科学的热力学，提供了现实世界的规律——建立热力学是为了增加从轰鸣的热机获得工业革命的新成果。

波耳兹曼将后来的工作时间用于推翻自己的观点。他构建了复杂的论据，这些论据证明了：原子的机械运动是气体受热膨胀和冷却收缩的基本驱动力。这一理论是根据统计得出的：尽管单个原子遵循简单的规则，但它们合在一起将产生各种不同的可观察结果。有些结果比其他的结果更为合理，这些结果提供了对所观察到的现象的解释。这种观念是标新立异的，受到当时一些有名的物理学家的反对。反对这一观点的代表人物是恩斯特·马赫（Ernst Mach）。他认为原子是思考现实世界的有用依托，仅此而已。恩斯特·马赫说，"原子只是表示现象的工具"。

波耳兹曼积极地为自己的观点进行辩护，但是，观点的对抗以及他的反对者的漠不关心慢慢使他失去了激情。据他回忆，在一次辩论中，"马赫在人群中大声且斩钉截铁地说：'我不相信原子的存在。'这句话一直在我的脑海里回荡。"

波耳兹曼的思想从未稳定过，在关于原子争论的那段时间，他的思想一直处于紧张状态。最终，波耳兹曼决定永久结束这种苦恼。1906年，当他的妻子和女儿去的里雅斯特附近的迪纳海湾游泳时，波耳兹曼自缢身亡。他的女儿回来看他时，发现他的遗体用一根短绳悬挂在窗棂上。在此后的生活中，他的女儿再也不愿谈及那天看到的情景。

雷蒙·斯尼奇（Lemony Snicket）用特殊的文学语言描述了波耳兹曼所处的困境。他在《爬虫屋》中写道，"被证明是错误的会使人感到沮丧，特别是，当你是正确的而别人是错误的，别人却要错误地坚持自己的正确性。"

这是科学中永恒的难题：人们很难准确地知道谁是正确的。有时，真相出现得太晚，以至于支持者没有机会享受胜利的喜悦。我们不知道，是否是被反对而引发的耻辱感导致了波耳兹曼的自杀；但我们知道，在捍卫对现实世界的新的、更透彻的理解过程中，波耳兹曼发挥了关键作用，即便是悲剧性的。在波耳兹曼去世后的几年，通过对不可见的实体随机碰撞的花粉和尘粒的观测，人们终于接受了波耳兹曼的原子观。

科学史学家深谙此道，但历史例证的作用有限。地质学家埃尔德里奇·莫瑞斯（Eldridge Moores）曾说过，"认为过去是动荡的而现在是稳定的，是人们的一种心理需求。"虽然他谈论的是对我们脚下的地面的稳定性的主观愿望，但他也许谈到了科学的本身。人们似乎更容易惊叹于化石的奇妙——欣赏科学进化的故事——而不太容易接受世界依然在进化的现实。也就是说，依然存在一些不确定性边缘，等待我们去探索。

这就是本书的目的：概览目前的不确定性边缘。让我们感到高兴的是，这样的不确定性边缘真实存在。总的来说，我们不会永远纠结于科学的细枝末节。据生物学家约翰·劳顿（John Lawton）和罗伯特·马伊（Robert May）讲，化石告诉我们哺乳动物已存在了大约100万年，人类已存在了大约20万年，只是最近我们才开始利用我们认为的科学方法来研究我们周围的世界。也许，我们在不确定性边缘的发现有助于人类成为第一种永久生存的物种。也许，我们在本书中所研究的内容会成为人类保持永恒的关键。当然，我们不会去探索人类已透彻了解的那些东西。

我们必须走下海滩，观察黑暗的水域，有异常的东西等待我们去发现。可以肯定的是，一些东西特别异乎寻常，我们目前还没办法处理。但是，我们要经常进行这种朦胧的观察，有一些迹象和线索正在我们的眼前显现。本书中，我们要探索的正是这些迹象和线索。本书的各章分别描述了当今科学的一些危险的前沿。这些东西，我们尽管看得不那么清楚，但我们能感觉到，它们会很快来临：因为它们可能会改变我们观察自己的方式以及我们的生存方式。

我们开始承认人类最大的科学弱点：人类大脑。这数磅重的无规则形状的柔软的物体是我们理解世界的唯一工具，但我们甚至不知道它是如何"理解"世界的。因此，我们认为，我们是什么样的就是什么样的，我们具有自我意识（自己告诉自己）。推而广之，我们看到了我们自己在广袤宇宙中所发挥的作用。

从多方面来看，这是一种非同寻常的、自我夸大的世界观。因为我们将会看到，许多其他动物与我们非常相似。关于非人动物能力的发现并未使我们从创造的塔尖跌落下来，而是将许多与我们共存的生物提升到了人类的高度。这里，我们强调相似性而不是差异性。由此导致的一个结果会提出这样的建议：在医学方面，可以将人和非人动物合并。我们正在创造的嵌合体就是这样的东西，尽管这样的东西还处于不确定性边缘，但它们正从科学的（和伦理的）黑暗中慢慢地浮现出来。

我们还发现，我们已经越过了另外两条伦理界线。遗传学家雅各布·布罗诺夫斯基（Jacob Bronowski）曾经说过，"知识是个人的和有责任的"。如果他还活着，他会毫不犹豫地指出，我们目前对表观遗传学的认识必然会导致我们轻率地进入未知世界。表观遗传学描述，人类在受到与生活贫困、权力剥夺和环境污染有关的因素打击和损害后，基因会在我们体内以不同的方式工作。这种影响是未定的和持久的，有时会产生成多代遗传。我们才刚开始认识，作为个人的生物体是如何生活的。

关于性别在医学方面的作用的新发现也是这样的情况：我们对人的医疗方法在某种程度上是非常原始的。我们真的认为，性别除了明显的目的之外，再没其他作用了吗？答案并不清楚。考虑到我们对大脑的了解非常有限，我们忽视了心理对身体的作用。这也许可以得到谅解，然而，我们在这里将慢慢反驳那些乐于将无知当作知识和认识的讽刺者。

真希望我们也能同样对待那些把量子理论当作健康的关键而极力推

销的人。人们确实需要利用"量子治疗战胜疾病和衰老",正如神秘的迪帕克·乔普拉（Deepak Chopra）对我们所做的那样。然而，它只是沙漠中的海市蜃楼。事实是，我们刚学会了最初步的研究，研究量子物理学在生物学中的作用。似乎存在一些领域，在这些领域中，自然界形成了特殊的规律，这些规律支配着原子和分子形成了新的机遇，使生命能在艰难的环境中兴旺繁荣。但是，在生命与宇宙的交界处，我们真的跳入了科学的深水中。

我们把数学与医学、实验与理论方面的经验综合起来，就能得出初步的建议：宇宙是一台计算机，我们的思想与行动是计算机程序，程序的指令形成了我们的大脑对现实的解释（记住，我们对大脑的了解非常有限）。这与牛顿的"上发条的上帝"（clockwork heavens）是一样的虚幻吗（根据当时的技术对宇宙的解释）？也许是的。毕竟，计算机才出现了不长的时间，它的发明者阿兰·图灵（Alan Turing）确实看到了另一种计算机，超越了我们所熟悉的计算机。超级计算机也许会成为现实的更好指南。

我们对已知现实的了解并没有结束。一些人愿意停止探究宇宙演变的故事，而另一些人愿意继续探索。"宇宙大爆炸"的故事还有很多漏洞，有很多地方等待我们去填补——或者，我们至少要知道如何修改它，使它变得更完善。也许，当我们拼凑宇宙历史时，会出现更多的碎片，我们需要重新开始。我们开始重新认识宇宙的基本组成：时间的流失似乎是虚幻的。物理学家认为，过去的瞬间全部存在于我们的大脑中。

在许多方面，人们更容易选择忽略，返回到海滩，事实上那里有未完成的细节等待人们去完成。毕竟，我们是简单的生物，易受自我感觉的欺骗，我们内心的推理和我们的愿望使我们与世界的相互作用简单朴素。这些难题暴露了我们的弱点，使我们容易失败。搞清楚这些问题是困难的。人类的优点在于威猛和坚持不懈，人类坚持不懈地探索宇宙，直到掌握它的秘密。这就是我们为什么要去探索不确定性边缘：去调查，去询问，与自己和其他人战斗，直至找到答案。意识到自己碰到了其他的问题和意外，我们需要安全地将新发现藏好，重新返回黑暗水域，努力将更多的东西带回光明。我们以前一直这么做着，我们希望以后也能一直这样。毕竟，这是人类曾经做过的最美好的事情。

　　这就是神秘的、强大的大脑如何让我们行动的：它赋予我们好奇心、勇敢和韧性，使我们尽己所能找出世界的真相。生活的道路并不平坦。在探索人类确定性的边界及其之外的旅程结束时，你的头脑将会感到震撼和冲击。但是，它还会要求你继续探索。探索未知会令人上瘾，这是我对你的提醒。

1 消灭僵尸

意识科学的死而复生

> 人类到过月球，了解了深海的地形和原子的内核。但人类害怕研究自我，因为他们感觉到自身内部充满着矛盾。
>
> ——特伦斯·麦克纳（Terence McKenna）

面对兴高采烈的观众，古斯塔夫·库恩正在表演魔术。他使乒乓球消失，然后在不可思议的地方出现。在这之后，他会解释自己是如何做到的。"这只是简单的误导。我用手的运动吸引你的注意力；你的眼睛会不由自主地注视我的手。这样，我就有了机会……"他的头在转动，我们的目光也随着转动，乒乓球又回到了他的手中，我们情不自禁地开始鼓掌。

观众在听科学演讲时，一般不会这么早就鼓掌。通常只是在演讲结束时，才恍然若悟地喝彩——这常常是一种放松的表现，演讲终于结束了。但是，在意识科学研究协会第十六届会议上，与会者从一开始就被深深地吸引住了。

库恩认为，应该有一门魔术科学。他与其他魔术师的表演效果是圆满的、有意义的、可重复的，更重要的是它是有用的。他说，换句话说，它与好的科学成果的效果是一样的。库恩和他的表演伙伴、另一位

1

魔术师罗纳德·雷斯科（Ronald Rensink）认为，研究魔术师的表演可以使我们了解感知和认识（和欺骗）、儿童如何形成对可能与不可能的理解、神奇的信仰为什么会持续存在、当我们的大脑以出乎意外的方式思考时会发生什么情况。研究魔术能帮助我们获得与人和技术沟通交流的新技能，找到解决问题的新思路。最重要的是，魔术给我们提供了一扇了解意识的窗口。

研究意识，曾被认为是浪费时间。意识毕竟是一种主观现象，因此，它不同于其他科学内容。我们如何依靠某人的自述去研究他的意识？在我们无法与自己保持一定距离时，我们如何研究自己？我的颅骨内那团海绵状物质以某种方式产生我们称之为意识的东西，但是，如果我们去探究这团海绵状物质，就会对它产生扰动。我们无法让大脑存活于颅骨之外，即使我们能够做到这一点。难道我们能通过解剖大脑而找到意识吗？1994 年，哲学家戴维·查默斯（David Chalmers）提出了一个短语："大难题"（Hard Problem），这一说法已变成了解决问题的磨石或者咒语，这取决于你的看法。

查默斯认为，"意识不受还原解释理论的束缚，用具体的词汇给出的解释无法说明意识体验的出现过程"。换句话说，通过对大脑的反向研究，无法解释意识。你不能制造一个大脑，然后希望借此追踪意识的来源。意识从本质上讲，与所有现实的事实是不相同的——意识是独立的。查默斯说，这就是我们的周围可能存在着未被发现的僵尸的原因。

许多电影都描述过僵尸带来的世界末日。电影中都有一个男主角，利用熟练的技巧为自己喜欢的人争取逃脱的时间。这看上去或许是陈腐的情节，但它提出了一个关于意识本质的有趣的问题——查默斯争论。僵尸会被库恩的魔术戏法震惊和迷惑吗？僵尸对魔术会有什么样的感觉？

公平地说，查默斯并未谈到科幻小说中常见的肌肉腐烂、没有死去、迷恋食物的僵尸。简单说，这些僵尸易于辨认，它们步态笨重，对疼痛和伤口不敏感，不能与他人联系沟通，眼神呆滞。我们在这里谈论的是正常人的完美复制品，从外表看，它与你我并无区别。我们说的这种僵尸能正常行走，能与人交谈。它甚至能告诉你，它的感觉。但是，你必须问自己一个问题：你能知道它说的都是真的吗？你无法知道。

笛卡尔（Descartes）指出，你知道你是有意识的，因此，我认为我也是有意识的。但是，你怎么知道其他人也有意识？你继续推论的依据只能是这样的事实：他们与我好像是一样的，他们对刺激（比如胳膊被扎了一下）的反应与我相同。询问他们一个问题，他们会以合理的方式、在合理的时间内作出答复。但是，如果你询问他们的体验，你无法知道他们告诉你的是否是你希望他们说的、他们所想的东西。他们可能没有任何感觉——他们只是知道在这种情况下人类希望有什么样的感觉，并把这种感觉说出来。

这就是僵尸假设：你周围的每一个人都没有自我意识，感觉不到自己，当然你也就无法了解他。更确切地讲，假设存在另一个你，他与你极其相似，无论是肉体还是精神，他能像你一样观察、行动和说话，甚至对别人提出的问题也能给出与你相同的答案。这个另外的你与你的差别只是他没有意识，他实际上是个"机器人"。

查默斯指出，你能够做这样的设想，就意味着他在理论上是可能的。因此，他主张意识是存在于大脑过程和肉体之外的"东西"，是基于我们感性知觉而存在的"东西"，是我们对感性知觉的反应和报告。

这种"东西"使我们高于僵尸。我们可以说，这种差异定义了意识。意识使我们有自身的观念、有感觉，能内省、能分析和询问我们在世界中的位置。也许，正是意识使我们对魔术感到惊奇和开心。意识使我们欢笑抑或痛哭。甚至可以这样说，意识使我们成为了人。数百年来，哲学家一直期望能萃取自我意识的本质。令人兴奋的事情是，今天的科学终于给我们提供了方法，使我们能探寻一些问题，这些问题包含了比我们能想到的更多的秘密。目前的情况好像是：我们的科学见解已"杀死"了僵尸。我们可以跨过僵尸的尸体宣布：我们将取得最后的胜利。因为我们发现，意识必须根源于肉体，因此，意识服从于科学。

迄今为止，对意识的研究使我们获得了一些模型，我们利用这些模型来说明自己头脑内所发生的情况。其中，两种模型被认为最具发展前途。一种是全局工作空间理论，它从心理学和神经学对意识进行综合理解。这种理论认为，来自外部世界的所有输入——触觉、味觉、视觉、听觉等——首先会被无意识地进行处理。之后，只有很少的输入能获得你的注意——当有足够数量的下意识过程进行，将触发一个开关，启动大脑中与意识过程有关的部位活动。这时，你才能注意到外部的输入信息。神经学家丹尼尔·伯尔（Daniel Bor）将这一过程描述为"舞台上的聚光灯或者在多用途认知白板上的涂写"。简单地说，这一过程就是利用了我们的短时记忆——尽管这些记忆只持续了几秒钟的时间，但这样的持续时间已经足够长，长到记忆能在必要的时候可供提取利用。

上述理论的主要竞争理论是整合信息理论（第二种理论）。这种模型将意识置于语言和信息论框架内，产生数据集，数据集的综合结果大于各部分数据之和。该理论的创始人是意大利精神病学家和睡眠研究者朱利奥·托诺尼（Giulio Tononi）。在许多方面，他都是一个有争议的人物。尽管他的理论还处于初期阶段，但他声称，根据他的理论可以制造一种通用的意识测量器，从连接到计算机网络的一个蛇形管可以测量任何东西的意识"等级"。

然而，整合信息理论是基于整个神经网络的，它并不能解释大脑单个物理结构内所发生的情况。这意味着，它对用于测试全局工作空间理论的简单实验没有多少帮助。即便如此，这种理论也有自己重要的拥护者。克里斯托夫·科吉（Christof Koch）告诉《纽约时报》作者卡尔·西默（Carl Zimmer），"它是唯一真正有前途的关于意识的基础理论。"

然而，我们最终必须承认，经过几十年的发展所形成的意识理论仍不能令人满意。今天的心理学家和神经学家在很多方面就像当年登上"贝格尔号"的达尔文一样：他们依然在搜集样本，对大脑做出的有趣事情进行观察。诚实地讲，他们还远没有形成一个完整的理论，一种简单的思想，以解释我们的主观体验：关于我们周围的东西、我们对事情的想法、我们的大脑为何能产生不同于无意识僵尸的体验。确切地说，这会使研究人员"消灭"僵尸。

塔夫茨大学哲学家丹尼尔·丹尼特（Daniel Dennett）是"僵尸猎人"的无可非议的领军人物。他的策略非常简单。他认为，也许意识并不存在，这种正在进行的意识以及对世界的思考的感觉或许都是虚幻的。也许我们的大脑在欺骗我们，使我们对自己的存在有了现在的描述。

1991 年，丹尼特出版了一本书，采用了一个大胆的书名《意识的解释》。有人认为，这个书名有些狂妄自大。不过，这些批评者或许应该稍等时日再发表意见。在该书的"给科学家的附言"中，丹尼特预言：如果他的理论是正确的，那么，我们肯定没有注意到周围环境里的许多细微的变化。他认为变化盲视是存在的，有意的视觉体验并非对眼前现实的真实反映。

丹尼特的思想类似于电影《黑客帝国》的假设：人对现实的概念实际上是一种细致接合起来的模拟场景，通过机器植入大脑。按照丹尼特的观点，世界上没有机器，只有大脑。但是，正像机器模拟有时会出现小故障一样，如果我们能足够仔细地观察世界，我们或许会发现大脑的缝隙。事实证明，丹尼特是正确的。

罗纳德·雷斯科做了很多工作以证明丹尼特的假设。他做了一系列试验，表明人有时会看不到眼前的明显事物。为了理解这其中的原因，我们先来讲讲扫视性眼球运动（眼扫运动）。

眼睛和视觉处理系统的演变的研究需涉及多种效率问题，其中最主要的问题是——即便不考虑眨眼时间，人在每天清醒时仍有大约 4 个小时的时间大脑不处理任何视觉信息。视网膜将整个世界的图像聚集在一个直径大约为 1 毫米，由紧密排列的感光细胞组成的薄片上。这就是视网膜中央凹，它负责记录人们周围世界的细节和色彩。问题在于，它只接受手臂长度处指甲盖大小范围内的视觉信息。你的视觉在这时会以较低的分辨率和单色方式捕获你眼前的所有东西。如果偏离中心线 10 度，你捕获的信息只是能最大视觉信息的 20% 。换句话说，你看到的大多数东西皆是以模糊的黑白图像被记录。

你不会意识到自己看到的是一个"低保真"的世界，是因为你的眼睛在不断地转动，以使视网膜中心凹受体能获得更大的视野。人的眼睛大概每秒钟 3 次，每次耗时 200 毫秒，记录一幅高分辨率图像，记录图像后，眼睛会再次转动。在每次眼扫运动之间，人的大脑会关闭，避免记忆模糊的运动图像。在《认知科学趋势》杂志上发表的一篇论文中，戴维·梅尔彻（David Melcher）和卡罗尔·科尔比（Carol Colby）指出，每天 150 000 次，每次大约 100 毫秒的"脱机"时间做加法，人类每天总计有 4 小时的盲视时间。你没有注意到这一情况，是因为你的大脑将处理过程作了拼接，形成了无缝的视觉图像。与变化盲视研究人员提出的幻象相比，这种视觉图像易于人们理解。

丹尼特与他的同事丹尼尔·西蒙共同做了一些令人震惊的（也非常有娱乐性）实验，演示我们的连续平滑的视觉意识和幻象。在实验中，他们首先在两种不同的景象中变换图片，只有 50% 的受试者注意到了两个人头的变换。

没有人注意到，两个人交换了不同颜色的帽子。我们对"稀疏的视觉表示"作个解释："受试者正在观看电影中一个演员从椅子上站起的场景，如通过摄影机角度的改变将该演员替换为另一演员，有 67% 的受试者不会发现这种变化"。现实世界中，这样的类似事情也很多。有一个经典的实验："一个实验人员在街上挡住一个人问路。在他们的对话过程中，另有两个实验人员抬着一扇门粗鲁地将他们隔开。当被问路人的视线被门挡住后，第五名实验人员替换了第一个问路人。在大约 50% 的实验中，受试者（被问路人）会继续指路，并不会注意到他对面的人已发生了更换。"

这绝不是因为问路人与第五名实验人员外貌相近。即使两个实验人员具有不同的衣着、发型、身高、体格、声音，仍有 50% 的受试者不能注意到人员的更换。

变化盲视时常被我们利用。电影编导与魔术师一样，采用的手段是欺骗和分散注意力。爱德华·德米特里克（Edward Dmytryk）在他的基础性著作《影片剪辑》中曾明确指出，"有时，你可以让观众眨眼。这样，你就有五分之一秒的时间去改变摄影机的角度、改变场景的焦点，而不会引起观众的注意。"他指出，"类似关门这样的声音，只要不是太尖锐——比如射击的声音——都能引起观众眨眼。"德米特里克指出，"当观众眨眼或者观众的眼睛被屏幕上的运动吸引时，就是剪辑师剪接的机会，就像魔术师遮挡动作时需要作伪装，利用披肩的大幅度摆动或者手臂的'引诱性'快速运动来分散观众的目光"。

然而，电影剪辑师也有自己的变化盲视，这也是电影中出现穿帮镜头的原因。例如，"电影《好家伙》中有一个场景，一个小孩在玩积木。镜头来回切换时，积木的颜色变了，堆积顺序也变了。在另一个场景中，镜头切换时，一块面包不翼而飞。"显然，在电影发行之前，没人注意到这些镜头的变化，大多数电影观众也没能注意到。又如，"电影《绿野仙踪》中有一个场景，桃乐茜的鲜红色拖鞋转眼变成了黑色。在电影《阿凡达》中，特写镜头中的高尔夫球似乎自动地变为了绿色。"

这样的穿帮情景无疑会使人开心、感到有趣，但它们也有严肃性的一面。有经验的实验者会利用这种情况作如下总结：我们并未给予世界足够的注意力，我们对周围事物的细节只有很短暂的记忆，我们并未真正看到自认为已看到的东西。我们的意识体验也并非我们所认为的那样。意识具有如下特征：它是不断演变的，给出一个"短得仅够存留"的关于世界的笼统外观；它是我们感觉的结果，仅此而已。它决不是"是或者否"的某种东西——人或者僵尸。它更像一把滑尺。这样的说法具有很重要的含义——尤其是对那些与我们共享地球的动物。

2012 年 7 月 7 日，一批意识研究人员汇聚在剑桥的丘吉尔学院。他

们不是哲学家，但包括有认知神经学家、神经药物学家、神经生理学家、神经解剖学家和计算神经学家。他们共同发出了一个"意识宣言"。

宣言的主题是，许多关于"意识与神经的关系"的新证据。我们可以从大脑读取信息，这些信息可使我们了解被研究大脑者的主观体验。从大脑读取的信息表明，动物和幼童有丰富的感觉和情绪。像昆虫和章鱼这样的无脊椎动物也有感觉和情绪。鸟类也有感觉和情绪，研究人员指出，"对非洲灰鹦鹉的观察清楚地表明，它具有接近人类的意识水平。"斑胸草雀明显地会出现快波睡眠（换句话说，它们会做梦）。鹊类与类人猿、海豚和大象一样，能识别镜子中的自己。

掌握了这些证据，研究人员做出了说明："非人动物具有意识状态的神经解剖学、神经化学、神经生理学方面的基质，能表现出有意识的行为……人不是唯一的拥有产生意识的神经基质的生物。非人动物，包括所有哺乳动物、鸟类和许多其他生物（如章鱼）都拥有神经基质。"

他们在史蒂芬·霍金（Stephen Hawking）的见证下签署了书面证言，这种方式给人感觉有点奇特。这也许是一种好办法，谁会认为作为一位卓越的宇宙学家的霍金会没有意识？他无疑能清楚地感知周围的环境，有情感感觉（喜悦与悲伤），他还是一位使人信服的、令人害怕的思想家。除去用于交流的技术设备和满足身体需求的护理设备，我们无法否认他的意识。

这就是该研究领域非常重要的原因。对意识的理解是人类正确处理自己与动物关系的关键，它也会帮助我们面对人类最大的问题：死亡。

1985 年，霍金因肺炎住院，医生问他的妻子简·霍金（Jane Hawking），是否同意关掉他的生命保障系统。史蒂芬·霍金当时还不是名人——他的《时间简史》尚未发表——他的运动神经元疾病可能随时夺走他的生命。他处于药物引起的昏迷状态，医生坦诚地告诉简，是否需要就此结束他的生命。

我们的医术、我们维持人活着的能力有时也许会成为现代社会的祸根。在我们的生命中，死亡如影随形。人类是为数不多的，能意识到自己终会死亡的动物。当我们需要选择死亡时机时，局面会变得更加困难。这也解释了，我们为什么对昏迷病人（活在我们中间的死人）很难处理。面对陷入昏迷的、无法交流、不能做出手势的病人，我们自己也会陷入一种特殊的瘫痪状态——我们不知道怎么做才是"正确的"。

简·霍金拒绝了医生的建议，也许其他人不会拒绝这样的建议。阿德里安·欧文的最新发现，一定会使这些人感到苦恼：据推测，有重大脑损伤的病人，即使表面上处于"永久的"植物状态，有时候也是有意识的。

欧文的研究团队评估了一个病人，他已满足了植物状态的所有国际标准，但他的大脑能对直接指令做出 200 次反应。尽管他不能与外界进行交流，但欧文的脑电图可以看出他大脑内的电活动。脑电图清楚地表明了他的大脑是有反应的，正如你我被捆绑或者被堵住嘴巴时的反应。欧文对《新科学家》杂志的记者切尔西·怀特（Chelsea Whyte）说，"他可能跟你我一样，是有意识的"。

值得注意的是，欧文的研究团队研究的 19 个病人中只有这个病人出现了这种高频率反应的情况，只有 3 个植物状态的病人表现出了可信的意识迹象。研究人员一直在争论，什么才算可信的反应？当然，争论还包括：什么才算有意识的反应。尽管如此，这种情况很值得研究。还有一些其他的特别发现：昏迷病人对为他们演奏的音乐能表现出情绪反应。同样，这些病人的反应并非直观表现，而是像你我那样表现出心率的变化。我们必须防止推论出现错误——我们不知道心率的变化是否必然意味着病人具有一定程度的意识。如果这些人真的只是被"锁住了"，那么，这将会改变我们对待他们的方式。欧文建议，首先应搞清楚，他们是否正处于痛苦中。然后，我们必须使用技术手段与他们进行交流。脑－机接口越来越适用于读取和解释大脑活动，也许，过不了几年，我们就能与昏迷的病人进行有意义的交谈。卡利撒·腓利比（Carissa Philippi）有一个病人，简称 R，尽管他并未昏迷，但没人能与他进行有意义的对话。

R 的年龄为 57 岁，受过大学教育，他的大脑因单纯疱疹性脑炎受到过严重损伤。病毒破坏了他的岛叶皮层、前扣带皮层，以及内侧前额叶皮层。大脑的这三个部位是自我意识的关键，根据专家的判断，R 已经成为了僵尸。

但他明显不是僵尸。当研究人员询问他意识的定义时，R 能针对问题做出令人信服的回答：意识是身体的意识和对周围环境的反应。研究人员问他，"你认为自我感觉与思想一样吗？"他说，"是的，它是大脑中的一个想法。"尽管失去了意识不可缺少的大脑实体思维，但 R 肯定不是僵尸。

R 没有味觉和嗅觉，且记忆力严重衰退。但从维度上看，他的状态并不坏。衣阿华州的研究人员对他进行了一系列的测试和影像研究。研究发现，他的智力处于正常范围，他能认出镜子中的自己。一名研究人员偷偷地在他的鼻子上画了一个黑点，15 分钟后（这段时间足以使他忘记研究人员曾接触过他的鼻子），他看到镜子中的影像时，立即擦掉了黑点。他具有对自己动作的行为控制感：他知道自己的动作会产生什么样的效果。例如，他不会刺痒自己，具有行为控制感的人都不会这么做。当研究人员要求他进行反省时，他说，他有自我感觉。研究人员得出的结论简单明了：我们必须停止认为意识是大脑中一个"较高级的"、具有较高进化度的单独区域所产生的某种东西。研究人员指出，"R 是一个有知觉的、有自我意识的、有感情的人"，由此得出结论，"自我意识可能来自于大脑区域神经通路之间的分布式相互作用"。

一般来说，出现这样的情况并不意外。我们知道，前额顶叶神经在意识形成过程中发挥着重要的作用，这一区域的大脑结构与大脑其他区域有着最稠密的联系。意识与因特网非常类似。意识也包括广泛的分布式处理，并不是一个位置只负责一个具体的任务。我们并不否认大脑中特定的位置负责处理特定的任务，但是，就像病人 R 的情况显示的那样，大脑会针对损伤情况作自我调整——因特网也能这么做。有人试图

10

通过部分摧毁因特网而使它瘫痪——2007年出现过一次对因特网的巨大攻击，攻击目标是存有重要数据的13台服务器。有2台服务器因受攻击而瘫痪，但其他11台服务器工作正常。尽管这些服务器经受住了攻击，但事后对系统进行了改进，使服务器能互为镜像：如果某台服务器瘫痪，其他服务器可以取代它的工作。

有些人认为，因特网最终会表现出一种意识形式。尽管这听起来似乎有点牵强，但我们很快就会认识到它的正确性。人类已开始了人工大脑的制造，这样，人们将有更多的机会去认识意识行为。然而，在探索这一前沿区域之前，我们需要考虑一个颇具争议的问题。

"机器能思考吗?"这是个不好回答的问题，也是它能成为获取休斯·勒布纳（Hugh Loebner）金奖的条件的原因。众所周知，勒布纳是个非同寻常的人。他不屈不挠地支持性工作者的权利。如果你相信报刊的报道，他还是个迷恋于实现人工智能的控制狂人。具有讽刺意味的是，每年的勒布纳奖比赛，严肃的人工智能研究人员会进行激烈的争论。

奖项设置很简单。如果计算机能像人一样进行文本对话，勒布纳将奖励该计算机程序的编写者10 000美元。金奖则是一枚18K的金质奖牌，奖牌的一面刻有阿兰·图灵（Alan Turing）的头像以及图灵提出的那个容易引起争论的问题。

该问题引自图灵1950年发表的一篇论文《计算机与智慧》。图灵提出了这样的思想：一台足够先进的机器，经过适当的编程，可以（通过电传打字机）与人对话，它的表现在一定程度上与人无异。他将这种想法称为"模仿游戏"，他建议通过思维实验（至少初步）解决下列问题：人的大脑是否能做一些机器不能做的事情？

很难判断图灵测试的真实价值，始于1991年的勒布纳比赛每年都有一次大集会，这些大集会暴露出人类在人工智能方面的成就微不足道。到目前为止，还没有人获得过金奖，每年的成绩最好的参赛者（获得铜奖和 2 000 美元）所进行的对话都是滑稽可笑的。尽管比赛的结果并未引起人们太多注意，但勒布纳依然坚持继续进行这种比赛。因此，人工智能研究的先驱马文·明斯基（Marvin Minsky）提出：谁能说服勒布纳放弃这种惨淡的比赛，就给他 100 美元。然而，没人能说服勒布纳。众所周知，他是一个很难相处的人。2003 年，《沙龙》上的一篇文章做了较好的描述：“一般来说，每次勒布纳比赛后都会发生三件事：获胜者拿了奖金会马上宴请最后的退出者；休斯·勒布纳感受着荣耀；主办组织庄重宣布：‘再也不办这种比赛了’。”

这种测试不是图灵进入机器智能的第一次尝试。1948 年，当他还在位于伦敦的国家物理实验室时，就写过一篇引人入胜的论文《智能机器》。论文描述了一种“非组织的机器”，机器中的人工神经元随机连接，可根据需要随时修改。如果网络足够大，它可以完成通用计算机的所有功能。图灵提出，杂乱的人脑与它所执行的高级程序之间存在着某种可能的联系。

这篇论文并未得到上司查尔斯·达尔文先生（著名的查尔斯·达尔文的孙子）的赏识，查尔斯·达尔文说它就是一篇“小学生的论文”，将它弃之高阁。直到图灵去世 14 年后，这篇论文才得以发表。当时，主要的问题是，计算机还不够先进，不是任何人都能利用计算机严肃地模仿人类的智慧。

从多方面来看，图灵测试忽视了机器的重要的一点：机器可以思考（这也许是被有意忽视的）。传记作者安德鲁·霍奇（Andrew Hodges）认为，图灵测试方案是有所回避的，它使图灵避开了关于什么是意识的讨论。对于一个被认为是危险的特立独行的人而言，涉猎机器意识或许是个太大的跨越。

不管怎么说，1948 年的那篇论文提出的主张在当时看来确实很荒谬。

图灵写道，“我建议研究‘机器是否能表现出智能行为’的问题。通常，人们认为那是不可能的。”半个世纪以后，彭蒂·海科宁（Pentti-

Haikonen）回答了图灵的问题——他未涉及机器能否展示智能行为的争论；他制造了一台机器，然后教会它疼痛的含义。

疼痛是一种奇异的现象。海科宁指出，它是表示细胞损伤的信号产生的结果。在大脑中，疼痛信号与视觉系统或者听觉系统的信号没有区别。但是，处理视觉系统或者听觉系统信号不必过多关注信号的内容，而疼痛信号会干扰注意力。疼痛信号还会改变我们的行为——它使我们想办法尽量减少所遭受的伤害。海科宁写道，"这种对注意力的全面干扰非常必要，因为疼痛信号本身并不知道如何停止损伤。"正因为如此，疼痛信号将信息传播到大脑和身体的各个系统，干扰正在进行的事情，使我们能做出尖叫、翻滚、跳开等反应。海科宁说，"我认为，这种破坏性的传播是疼痛的一种基本性质。"因此，他决定制造一个能对疼痛做出反应的机器人。

当海科宁拍打"经验认知机器人"时，它会退缩。他甚至教会了它对那些会造成伤害的东西感到害怕。令人惊讶的是，这种机器人并不带计算机。它没有微处理器和程序；它只含有电路部件，例如，电线、电阻器和二极管——图灵在此基础上制造了他的第一台计算机。海科宁向它展示了一个绿色物体并询问物体的颜色，"经验认知机器人"给出了正确的答案。他用笔尖戳它的背部，它在避开海科宁的钢笔之前，会用一种哀怨的声音说，"我疼。"通过电路而不是程序，"经验认知机器人"能将色彩与负面情绪相关联。当绿色目标位于它的眼前时，它会说，"绿色，坏的"，然后传过身去。

"经验认知机器人"的生活中也有快乐：海科宁可以提供它想要的东西。敲击它的顶部，可使它对视野中的物体产生"好"的联想。机器人会移向该物体并用手臂去拥抱它。

海科宁认为，他对意识的研究方法会为研制有感知的机器人铺平道路——有感知的机器人具有语言能力、心理意象，以及情绪反应。他说，这种机器人会有玩耍的欲望。

既然我们谈到了希望、愿望、学习、伤害和疼痛，这当然意味着我们已产生了初步的意识，也就是理论家所说的那种东西。在某种程度上，理解意识的经验方法——海科宁的方法就是其中之一——似乎比理论研究者所采用的方法更有前途。这种方法令我们兴奋的是，我们突然发现，我们能制造一个完整的大脑。

《自然》杂志 2013 年的社论揭示了未来的潮流变化："目前的技术已足够发达，我们可以预想在将来的某天，我们能了解自己身体上最复杂的器官——大脑——的幽深复杂的运作过程。"虽然我们距离这天依然遥远，但是，"对科学家的那些关于未来世界的报告，人们不再认为那是疯狂。"

在未来的 10 年，来自 130 多家机构的研究人员将通力协作，在数字式（也可以说是有组织的）计算机上对人脑进行前所未有的模拟。

这是一个令人望而却步的项目。人的大脑初看起来是一团湿软的物质，但仔细研究会发现它或许是世界上最复杂的物体。它由称为神经元的细胞组成，神经元通过细丝——带有轴突的细线——相互连通。电信号和化学信号在神经元之间传播。人的大脑大约有 1 000 亿个神经元，每个神经元与其他神经元之间大约有 7 000 条连接，它们共同作用，产生意识。

利用电子显微镜获得的大脑三维图能达到纳米级的分辨率，因此，我们可以复现人的大脑。神经元和轴突并不大——神经元的直径只有 20 微米左右。但当我们能绘制比它小 1 000 倍的东西时，它会显得足够大。我们已逐步收集了所需的信息，能绘制出老鼠大脑的神经图——老鼠大脑大约有 0.75 亿个神经元。人的大脑的神经元远多于老鼠大脑，但我们不必对这个问题太担心——因为我们已知道，老鼠也有意识。

这一雄心勃勃的计划令人称奇。采用先进的技术再加上 10 亿欧元的经费（这些经费已得到保证，并已开始投入欧洲的研究实验室），人类很可能在 10 年内模拟出人工大脑。计算能力每 18 个月就能翻一番，到了 2023 年，通过网络联机将能提供"人脑项目"所需的巨大的计算能力——大约为目前所能实现的计算能力的 1 000 倍。到那时，我们将能模拟神经连接的细节，以及单个神经元和大脑不同区域之间粒子进出、传递信号的方式。

"人脑项目"的目标是，研究大脑出现疾病（如阿尔茨海默症和帕金森症）时所发生的情况。一个没有说明的希望是，使计算机模拟的大脑能表现出某种形式的意识。为什么不能呢？

我们曾经认为，意识与皮层有关，皮层是大脑最新的进化成果，它是意识的根源。但是，我们今天知道，没有皮层的生物也能做出有意识的决定，并能表现出情绪状态。正如马克·贝科夫（AsMark Bekoff）和杰西卡·皮尔斯（Jessica Pierce）在他们的《动物的正义》中所描写的观察结果，"人类不是唯一有意识活动的生物。"《关于意识的剑桥宣言》使这一观点更为清晰："情绪的神经基质似乎并不限于皮层组织……无论什么情况下，在非人动物的大脑中激起本能情绪行为时，动物表现出的许多行为与它所经历的感觉状态（包括奖励和惩罚的内心状态）是一致的。对人的这些系统进行深度的大脑刺激也能产生类似的情感状态。"意识产生于大脑——整个大脑。这意味着：我们的人造大脑能"消灭"僵尸。

斯坦福大学哲学家保罗·思科科瓦斯基（Paul Skokowski）在他的论文《我就是僵尸》中指出，"生活，在复制世界中具有与我们相同的微观物理结构和功能的复制品，与生活在这个世界中的我们一样，具有意识体验。"他指出，"这意味着僵尸——无任何意识体验的复制品——不可能存在。"思科科瓦斯基接着写道，"所以，请不要为你的僵尸复制品感到哀伤，至少，它与你有相同的感觉。"这是对帕特里夏·丘奇兰德（Patricia Churchland）提出的不太优雅的"骗人问题"的优雅改述。她认为，查默斯（Chalmers）的僵尸论是"骗人的"：它是骗人的、耍手段的，与古斯塔夫·库恩采用的魔术手法无异。为什么呢？因为我们可以很好地解决关于意识的简单问题："我们如何形成可以探索意识的记忆";"我们的视觉如何变成一种有意识的观察、一种有意的观看";"无意识睡眠状态与清醒之间的差异";"我们为什么会关注一些东西";"为什么只有当我们注意到引起疼痛的原因时才会感到疼痛"。

丘奇兰德比较了人们对这种观念的反对与对其他革命性思想的反对之间的不同。她认为,"当人们被告知地球在运动时,他们认为这是可笑的,这种说法是荒谬的,是难以置信的。"与这种情况相似的是,"人们曾将光看作是一种电磁波。光具有宗教意义和情感意义,认为光来自于引起磁或者静电的现象的想法是对光的贬低。"认为我们的意识是神经元之间相互电作用的结果的想法同样存在疑问。但不同的是,我们将接受这种思想。她估计,在数十年之后,我们将会对人们关于意识的认知感到惊讶。

僵尸将会死亡。对与大脑有关的心理状态的解释,以及对细胞层次甚至分子层次上的活动的深入了解,使我们能洞察意识现象,就如同我们了解电磁波与光现象之间的关系。神经元放电与意识密切相关,僵尸作为无意识的神经元的集合,用简单的逻辑推理就能知道僵尸是不存在的。帕特里夏·丘奇兰德的丈夫,神经学家和哲学家保罗·丘奇兰德(Paul Churchland)指出,"它们不是结合在一起的两个东西,它们实际上是一个东西,是从两个不同的角度去观察得出的不同结果"。

我们现在应该放弃刻板的定义,接受世界的复杂性。我们在解释表面现象时的过度自信或者采用简单化的标准,使我们在研究意识时走进了死胡同。我们现在可以确信,关于意识的存在,一定有一些自身的秘密,一些隐藏着的额外的东西。最终,你所需要的是某种信息处理设备,它能以与我们颅骨内的胶状物质相同的方式进行工作。如果,你能得到我们称之为大脑的东西——不管是什么形式的——你就能展示某种意识。并非大脑的所有部分都参与意识活动。在一些情况下,大脑中只有一小部分进行工作。另外,不同尺寸的大脑也许会表现出不同的意识。这里,我们不必去判断某个生物体失去意识的分界点。如同蓝光不能对红光说：你不是光，光谱确定了它们的分布范围。可以设想，我们能制造出一种大脑，也许就能产生一种新的意识，我们在地球上从未见到过的意识。会有这样令人兴奋的时刻吗？

对于想知道人类之所以成为人类的那些人所面临的两难困境，下面的论述做了简洁明了的总结："目前，对大脑活动过程的大多数基因组分析都需要采用侵入性方法，例如，剖开头颅。显然，这无法对人进行研究。"了解大脑内部所发生的情况对人类来说，是个巨大的成就，但割下人的头颅进行研究太难想象。难道，割下动物的头颅会更好？

以上文字引自塞缪尔·D. 戈斯林（Samuel D. Gosling）和普兰贾·H. 梅赫塔（Pranjal H. Mehta）的著作《动物性格》。该领域的一些研究者极力反对"性格"这一术语——有些人喜欢谈论动物的气质、行为类型、应对风格或者倾向；有些人选择了医学语言，称其为动物的"行为症候群"。然而，他们所指，就是动物的"性格"。

我们将会发现，个体动物对外界情况以及与环境和其他生物的相互影响具有一致的、本征的反应。大多数人承认，宠物是有性格特点的。每个养狗的人都接受这种观点，养过多只猫的人也会认识到不同的猫具有不同的性格。研究动物的人已经证实，驯养的宠物只是整个动物界中的极小部分。我们现在知道：驴子活泼、章鱼内向、老鼠热情、猪喜群居、刺鱼傲慢、蜘蛛胆怯。当你知道了这些之后，你将不再愿意去割掉它们的脑袋。这一领域的研究仅进行了 10 年左右的时间，但已埋下了自毁前程的种子：动物个体有其性格，不同的种群有其文化。这些发现使我们很难再用动物做试验。然而，更进一步的是，这些发现使我们认识到，人类尽管拥有天赋才能，但是与其他动物相比，并无特别之处。

2　人兽同质

人类不是特殊的物种

　　　　　动物，我们将它们当作人类的奴隶，我们不愿意
认为它们与人类是平等的。

——查尔斯·达尔文（Charles Darwin）

　　你肯定听过"白色条纹乐队"（the White Stripes）的七音符即兴重复段"七国军队"（Seven Nation Army）。2001 年，在澳大利亚墨尔本街角酒店（Corner Hotel）的音乐会开始之前，乐队歌手兼吉他手杰克·怀特（Jack White）在调试吉他时弹成了这首曲子。他认为这种简单的曲调是"有意思的"，就把它记了下来，后来据此写成了一首歌。真正有意思的是，尽管当时没人在意这首曲子（一个唱片公司的总经理曾私下说他并不喜欢），但今天它已广为人知，这并不得益于它在商业上获得的成功。

　　华盛顿的作家爱伦·西格尔（Alan Siegel）曾用图表表示了这段即兴重复段音乐的传播情况。2003 年 10 月，比利时布鲁日足球俱乐部的球迷开始在米兰的一家酒吧唱这首歌曲。他们在去体育场的路上一直歌唱，比赛结束后走出体育场时依然歌唱。他们在球队主场比赛时唱这首歌，因此，俱乐部决定将其定为队歌，当主队得分时在体育场的扩音器上播放。

意大利游客到布鲁日旅游后将这首歌带回了意大利，意大利足球明星也开始唱了起来。滚石乐队在米兰举行音乐会期间，足球明星们在舞台上演唱了这首歌曲。后来，它跨过大西洋，出现在美洲的大型体育赛事上，例如，美国职业篮球联赛（NBA）和美国国家橄榄球联盟（NFL）的比赛。回到欧洲，在2008年欧洲足球赛期间，到处飘扬着这首歌的旋律。怀特对此非常高兴，这首歌的传播范围之广，可与座头鲸的歌声媲美了。

在怀特创作他的这段最著名的即兴重复段的同年，卢克·马特尔（Luke Martell）和哈尔·怀特黑德（Hal Whitehead）发表了一篇文章，题目是"鲸和海豚的文化"。这并非出于天真想法的玩笑之作：它是一个长达74页的巨篇，并附有10页的参考文献。

他们考虑了三种文化传播形式。第一种是"快速传播"：一种新的、复杂的行为在群体的部分范围内传播。第二种是"母子传播"：文化习惯世代相传。第三种是"种群特有"文化：种群的遗传、环境或者组织不能解释的种群差异。

雄性座头鲸的歌声就是快速传播的例子。所有雄性座头鲸都会发出相同的歌声，短的5分钟，长的可持续30分钟。每到繁殖季节，它们的歌声会略有不同，相隔数千英里的鲸会发出同样的歌声。例如，夏威夷的毛伊岛与墨西哥的雷维利亚希赫多群岛相距4 000多公里，经过无数的繁殖季节，两处的鲸的歌声能完全按照相同的方式进化。唯一的解释就是文化的快速传递：当一个群体听到新的变化，会立即采纳——就像一群橄榄球球迷愿意哼唱简单易记的曲调一样。

马特尔和怀特黑德提出的"母子"文化特性和"种群特有"文化特性与人类文化很难区分。白鲸和座头鲸跟着母亲完成从繁殖场到觅食场的首次旅程，在此后的生命里，它们会不断重复这样的旅程。澳大利亚鲨鱼湾的部分海豚会跟着母亲学习使用海绵，这是它们很特别的一种习惯——从海床上撕下海绵，套在嘴上，如同戴了一个护套。这样，它们就能用嘴巴划开海床上的沉积物，发现最有营养的鱼类，而不会损伤自己柔嫩的嘴巴。这并非一种普遍习惯——鲨鱼湾区域有60多种海豚，只有5种海豚经常这么做。有些海豚也会尝试这种做法，但很快就放弃了。观察发现，如果雌性海豚的母亲会采集海绵，那么，雌性小海豚也能学会采集海绵。我们都知道，人类也有类似情况：女孩长大后干活的方式通常与她母亲一样。他们可能会根据奶奶传下来的配方烘焙干酪蛋糕，也可能会喜欢同一种体育运动，比如，体操，或者加入相同的业余爱好团体。对人类而言，不仅是女孩会这样，男孩和女孩都有报考父母曾就读的大学或父母曾从事的职业的倾向。

对于种群特有的文化特性，人类可能还比不上温哥华岛周围海域的虎鲸。这些虎鲸分为两种种群：常住群，一般12只；暂住群，一般只有3只。常住群的虎鲸通过声音传递信息，它们的声音具有明显的地域特点，这种特点是从前辈那里传下来的。常驻虎鲸的食物主要是鱼类，而暂住虎鲸更喜欢猎食海洋哺乳动物，例如，海豹。人类也明显存在这样的特点，人类有常住人口和暂住人口。人类在食物喜好方面也存在文化差异，当然，人类也有方言。

马特尔和怀特黑德只是利用鲸和海豚突破了他们的同行对动物文化思想的反对，其实，许多其他种类的动物都表现出了文化。与鲸鱼相似，鸟也有音乐文化。它们会通过模仿，跟着父母和邻居学习唱歌（唱歌的声音表现出不同的地区方言）。随着时间的推移，歌声会慢慢改变，表现出人类音乐演变的特点。

动物文化的一个典型例子是雄性凉亭鸟会唱歌很长时间以吸引雌鸟。雄性凉亭鸟会建造奢华的"凉亭"吸引雌鸟，它们先用茅草和小枝条编织一个平台，然后用树叶搭出一个拱顶，再点缀上色彩鲜艳的果核、花瓣和果壳。这种本领不是遗传得来；在交配季的初期，年轻的雄鸟会参观年长雄鸟的"凉亭"，观察建造"凉亭"（和求偶）的复杂过程。之后，年轻的雄鸟会离开，去学习建造"凉亭"的技艺。年轻的雄鸟会一起合作，建造实验性的凉亭，这种凉亭通常很粗糙，用草木编制而成。偶尔也有一些时候，年长的雄鸟会在下一代雄鸟建造凉亭期间去参观它们的工作，并帮助它们搭建凉亭。通常，老鸟和小鸟之间并无关系，这推翻了人们流传的说法：动物只繁殖自己的基因，只给自己觅食。生活中，我们通常会看到老年人花费时间传教年轻的橄榄球队队员打球，帮助训练童子军，传授音乐技能等。他们并不担心这样做或许不会得到明显的进化回报。事实证明，许多动物也是这样。从梳理毛发到参加葬礼，动物看重并欣赏社会联系，与我们人类一样。许多动物与人类一样，也能表现出性格品质的相互传播特性。这说明，人类与动物或许没有本质区别，人类并非特殊物种。

科学很难接受这样的观点。以珍·古道尔（Jane Goodall）的经历为例。"20 世纪 60 年代初，当我大胆地使用'儿童期'、'青春期'、'动机'，'兴奋'和'情绪'这些词汇时，受到了很多批评。"她在彼得·辛格（Peter Singer）的《大猿计划》的一章中这样写道，"我更恶劣的罪行是认为黑猩猩有'性格'。我将人类的特性赋予了非人动物，因此，我是有罪的，犯了最恶劣的行为学罪过——拟人论"。

数年（甚至数十年）前，古道尔只是一个受雇的秘书，并未经过科学培训，但她已开始了自己的研究。由于不科学的、情绪化的、不可信的言论，她遭到了开除。然而，有少数人认识到了古道尔的研究很有价值。1971 年，古道尔展开研究的大约 10 年后，斯坦福医科大学的大卫·汉博格（David Hamburg）称其为"用一代人的努力改变人类传统的观点"。20 年后，明显地，古道尔的研究更深入了。

著名的古生物学家、进化理论家史蒂芬·杰伊·古尔德（Stephen Jay Gould）将其称为"20 世纪学术界最伟大的成就之一"和"西方世界伟大的科学成就之一"。但这对人们普遍接受动物在世界上的地位并未产生太大影响。杰弗里·马森（Jeffrey Masson）和苏珊·麦卡锡（Susan McCarthy）撰写了《当大象哭泣时》一书，一本描述动物情绪的书。该书出版时，马森讲到了他的研究遭受学术界嘲笑的经历。圣迭戈海洋世界的一位官员说，他不允许自己的公司参与马森的研究工作，因为他的工作"带有拟人论的味道"。一些与动物在一起工作的人拒绝向他讲述任何有关动物情绪和感觉方面的"不科学的"事情。但是，马森是一位有经验的动物——包括人类——观察者，他通过动物的吼叫来观察动物。他指出，"那些时常与动物在一起的人以及他们的行为和做法，不符合他们所坚称的以超然的、'科学的'方法对待动物研究。"一个研究人员整天与海豚在一起，晚上也不离开，他变得非常地依附于他的"受试者"。马森指出，"实现与真实感情的明显分离，需要严格的训练和巨大的心理努力"。他说，更极端的情况会引起精神错乱。

任何人类的异常行为，我们对其的认识都存在不足。马森在该书的序言中写道，"迄今为止，还没有杰出的科学家进行过关于动物情绪的持续研究。"情况刚刚开始出现改变。

查尔斯·达尔文（Charles Darwin）是首先进入这一研究领域的科学家之一。在《人类的由来》中，他写道，"通常，很难判断动物是否会对同类的遭遇具有同情感……布莱思先生曾告诉我，他看到印度乌鸦照料两三个失明的同伴……我见到过一只狗，它与一只猫是好朋友，猫病了躺在篮子里，狗每次经过篮子时都会用舌头舔舔猫，这是狗具有感情的确切信号"。

令人遗憾的是，1871年，生物学开始偏重事实和数据。这样的奇闻异事受到越来越多的生物学家的抵触，更多的人开始偏向从物理和化学的角度研究动物。1883年，乔治·罗曼尼斯（George Romanes）出版了他的令人伤感的《动物的智慧》，它是读者提供的故事和轶事的汇编，但无力改变当时的现状。马森指出，"对于这本书的反应，科学逃离得无踪无影"。因此，研究这一问题的，只剩下了业余爱好者。

后来，第一个提到"性格"这个令人恐惧的字眼的人是一名来自乔治亚州托马斯维尔的鸟类研究志愿者。1922年，L. R. 塔尔博特（L. R. Talbot）描述了他的经历，他将带子绑在乔治亚的鸟的腿上，以记录它们的习性，保护它们的栖息地。他的研究方法非常简单。鸟类通常会飞进陷阱去寻找食物，塔尔博特诱使鸟通过一个小孔飞进一个小屋，然后抓住它们并绑上带子。塔尔博特承认，他刚开始时手法还很生疏，笨拙的动作时常弄掉鸟的羽毛。他说，"一只褐斑翅雀鹀挣扎着想要逃脱，我试图再次抓紧它，弄掉了它尾巴上的羽毛。然而，它并未恶意地盯着我。此后，它经常飞回来，在我离开托马斯维尔之前，我看到它的尾羽已完全长了出来，我感到很满意"。

关于麻雀宽容的故事听起来似乎是不科学的，但是，塔尔博特非常了解这些鸟：

> 通常，说服人们做一件预期结果并不明确的事是比较困难的；有时候，鸟并不会意识到自己为什么要飞进一个小孔，很明显这么做不会有结果，也对它无所帮助。但是，确实是这样：不同种类的鸟，或者同一种类的不同个体，会表现出不同的"性格"——请允许我用这个词汇来表达……鸟不会感到惊恐。当然，当它们停止觅食且意识到自己被囚禁时，会变得慌张不安。它们来回徘徊着寻找出口，但这并不能说明它们真的感到了恐惧。这些鸟在两三周的时间内会天天飞回来，有时一天四五次，并未表现出严重的惊恐。

22824 号褐斑翅雀鹀一天进入陷阱 6 次；22735 号褐斑翅雀鹀总共进入过 43 次，有一天进入了 5 次；22849 号褐斑翅雀鹀在 22 天里重复进入了 54 次。有些鸟会仰卧在塔尔博特伸开的手掌上。有时，他需要驱赶它们，鸟才会离开。一只蓝色的鸟把塔尔博特当成了玩具，它躺在塔尔博特的手上，抓住他的食指，头朝下垂吊下去。

开心的蓝色的鸟只是一个例子。那些大胆的果蝇呢？没错：即使"低等动物"也会表现出明显的性格。

果蝇可分为漫游蝇和静坐蝇。就像鸡尾酒会上的客人，有人喜欢围着食物转，有人喜欢寻找新鲜开心的事情。尽管不存在能产生某种行为的基因，但性格确实能受到遗传的影响。在正确的——或者错误的——

环境中，果蝇会改变自己的习性。一般情况下，拥挤的场合比较吸引漫游蝇；只有少数的苍蝇追逐食物时，静坐蝇才会聚集。如果情况发生了改变——例如，食物变得匮乏——静坐蝇也会去漫游。

内向的人会强迫自己融入一个集体，也是同样的道理。内向的人知道，自己能做的事情有限。并非所有的动物都会通过调整自己的行为来适应外界的情况。因此，让那些对动物性格持怀疑态度的人接受这一新发现，就显得非常重要了。首先，动物性格对医学研究有积极意义。我们通过研究发现，实验室老鼠的健康、寿命和行为与它们的性格以及应对陌生环境的方式有关。这样，动物试验可引导我们走上"花园的小径"——获得更美好的发现。随着研究的逐渐深入，我们开始思考一个新的问题：我们是否应该利用动物进行实验？

"所有的动物都应得到道德方面的考虑"，这是珍妮弗·马瑟（Jennifer Mather）和大卫·洛格（David Logue）对这一情况的看法。他们认为，你可以面对嘶嘶作声的蟑螂做好战斗的准备，但是，不管哪一方都不应该受到伤害。这种对抗局面或许时常出现：蟑螂很可能对这种经历感到极度紧张。它们与你一样，有些蟑螂一想到与巨大的陌生对手对峙就会感到不爽，这取决于它的性格。蟑螂也有情绪。

尽管科学界对动物有性格的观点感到不适，但这是一个重要的考虑因素——例如，迄今为止，保守的研究工作都忽视了动物性格的问题，这是一个巨大的错误。

在 20 世纪与 21 世纪交接的时期，苏珊·雷谢尔（Susan Reichert）和安·赫德里克（Ann Hedrick）亲自抓了两只漏斗网蜘蛛，一只来自美国新墨西哥州的干旱荒漠，另一只来自亚利桑那州东南的潮湿林地。他们还从两个地方收集了一些蜘蛛卵带回实验室，并将新一代的幼蜘蛛养成成年蜘蛛。在此过程中，他们在每只蜘蛛的腹部涂上不同的颜色以待后期观察，观察这些蜘蛛有什么样的性格。

出版的报告将漏斗网蜘蛛称为"世界上最具攻击性、最毒的蜘蛛之一"。这种说法在一定程度上是正确的。大多数蜘蛛受到干扰时会选择急忙跑开，但漏斗网蜘蛛不会。据报道，"它们会跳起来，露出毒牙"。你当然不会愿意接触到它的毒牙：一点点毒液就会导致人呕吐、停止呼吸和痉挛。如果不注射抗毒药，人会在两个小时内死亡。但是，我们不应该用同样的眼光看待所有的蜘蛛，因为不是所有的蜘蛛都具有这样的攻击性。

雷谢尔（Reichert）和赫德里克（Hedrick）让蜘蛛织网，来观察它的胆量。漏斗网蜘蛛的网有一个网面，后面连着一个漏斗，通向地面的裂缝。漏斗网蜘蛛受到攻击时会藏到下面的地缝中去。然而，漏斗网蜘蛛不会一直待在地缝中，一只成年漏斗网蜘蛛一天需要捕捉20微克的猎物。漏斗网蜘蛛的网并无黏性，因此，漏斗网蜘蛛要随时做好准备，捕捉落在网上的昆虫。这就意味着，漏斗网蜘蛛要趴在漏斗口上，这样，如果有鸟儿想要捕捉它，它才有足够的时间缩进漏斗里。

雷谢尔和赫德里克认为，生存需要把握进攻与谨慎之间的平衡，正确的平衡取决于地形。例如，捕食时不能一味地进攻：在美国新墨西哥州的沙漠里，可捕食的猎物很少，找到一个结网的好位置存在激烈的竞争。想要生存，漏斗网蜘蛛需要与其他蜘蛛搏斗，才能获得好位置。另外，沙漠中觅食的鸟儿较少，漏斗网蜘蛛不必过分小心谨慎。在亚利桑那州的森林，情况恰恰相反：那里有很多的猎食对象，也有很多饥饿的捕食者。雷谢尔和赫德里克假设，正是因为这样，美国新墨西哥州的蜘蛛比较大胆、具有攻击性，而亚利桑那州的蜘蛛更加小心谨慎。

他们的假设是正确的。他们利用清理相机镜头的皮吹子吹动漏斗网蜘蛛的网，模拟飞临的鸟儿对网的扰动。在这种情况下，与新墨西哥州的蜘蛛相比，亚利桑那州的蜘蛛退缩得更快，在洞里隐藏的时间更长。这些蜘蛛是在实验室中由卵孵化而出的，它们的成长过程并未遇到过鸟儿的攻击。因此，研究人员得出结论，蜘蛛的谨慎或者进攻的特性具有遗传的因素。

亚利桑那州的蜘蛛面对猎物对网的扰动的反应较慢，但并不是所有亚利桑那州的蜘蛛都这样，有一些蜘蛛会更加谨慎。在网上彼此搏斗一番后（这种搏斗有时候会持续 18 个小时），失败者通常是那些在面对猎食者攻击时最胆小的蜘蛛。

其他的无脊椎动物也有这样的特性，例如蟋蟀和墨鱼。马瑟（Mather）和洛格（Logue）写过一篇文章，题目有点搞笑，《大胆与懦弱》。文章列出了无脊椎动物的许多性格，并提出我们应该理解它们的这些性格。果蝇安于现状，蜻蜓大胆好奇，蟋蟀倾向于规避风险，蟑螂倾向于肆意攻击，鱿鱼热情交往……

这一发现毫无疑问是令人好奇、令人发笑的，但它也有严肃的一面。2008 年，J. G. A. 马丁（J. G. A. Martin）和 D. 雷亚莱（D. Reale）在加拿大魁北克高尔特自然保护区进行的一项研究表明，害羞的豹鼠喜欢待在人迹稀少的保护区。研究人员指出，评估人类存在对动物群体的影响时，必须考虑动物的性格。面对环境压力，最具攻击性的动物都会结网、筑巢或者打洞。它们通常会选择增加繁殖能力，这也产生了一个问题：它们会成为最不负责任的父母，它们很少去保护和喂养自己的后代。只有攻击性而无其他能力，将会使种群的生存处于危险之中。

这不仅是父母不称职的问题。性格特征（例如攻击性）与一组特定的基因有关，因此，外部压力能减少种群基因的种类。这会引起种群的繁殖问题，也会使种群产生危险的行为一致性。如果每只动物在觅食或者其他行为方面都喜欢冒险，那么，它被捕食者捕获的可能性就更高，它的种群就会消减。如果种群中胆小的个体较多，则鲜有动物愿意探索新区域寻找食物。出现危机时——例如干旱期——动物种群将会挨饿。另外一个问题是，它们如何应对环境中的化学物品：例如，河流中的污染。2004 年对三刺鱼进行的一项研究表明，在全世界的河流中都发现了高浓度的炔雌醇，这种化学物品是避孕药丸的主要成分，它能使雌性三刺鱼表现出更冒险的行为。这看起来似乎是一件好事，但实际情况并非如此——与未污染的水域的情况相比，污染水域的雌性三刺鱼被捕食者捕获的概率大大提高。性格是一个决定生死的问题。

值得注意的是，有的动物特意寻找能够改变性格的化学物品。1998年，R. J. 考伊（R. J. Cowie）和 S. A. 欣斯利（S. A. Hinsley）对大山雀喂养雏鸟的情况进行了 13 天的观察。在第 3 天到第 9 天，大鸟给雏鸟饲喂大量的蜘蛛。后续的研究证明了这一行为：在雏鸟破壳 5 天左右，大鸟会有意选择蜘蛛饲喂雏鸟。不管一年中的什么季节，不管大山雀栖息何处，不管是否有大量的蜘蛛，大鸟都会在这几天内找到蜘蛛让雏鸟食用。为什么呢？因为蜘蛛含有战胜恐惧的化学物质——牛磺酸。

牛磺酸是一种氨基酸，牛磺酸对哺乳动物的头脑发育至关重要；猫缺乏牛磺酸会出现视力问题，小孩缺乏牛磺酸会出现智力低下、运动功能失调。子宫中的胎儿和刚出生的婴儿不能自己生成牛磺酸，哺乳动物的进化使它们的幼崽能通过母亲的胎盘和乳液获取牛磺酸。

非哺乳动物很难获得牛磺酸。鸟类很容易为雏鸟捕捉到毛虫：从营养的角度看，毛虫与蜘蛛类似。唯一明显的差异是，蜘蛛含有的牛磺酸是毛虫的 40～100 倍。鸟类采食牛磺酸的本能的原因尚不清楚，但后续的研究表明，摄取牛磺酸能抑制忧虑，使生物变得更大胆。格拉斯哥大学凯瑟琳·阿诺德（Kathryn Arnold）和她同事的研究表明，"食用较多的蜘蛛、补充了牛磺酸的雏鸟，长大后有更大概率成为冒险者。"与小时候未曾食用蜘蛛的鸟相比，它们具有更好的总体学习能力和空间学习能力。如果大鸟不为雏鸟捕捉蜘蛛，种群就会由于缺乏冒险意识出现一定概率的消减。

说到这里，我们不能不提动物在实验室研究中的作用。当我们知道动物有的胆大、有的胆小、有的疏离、有的活泼，在实验中使用动物的道德问题将变得越来越尖锐。如果我们在实验中不得不继续使用动物，我们也要考虑一个问题：我们在使用动物的时候是否考虑了它的性格？

20 世纪 70 年代早期，心脏病专家迈尔·弗里德曼（Meyer Friedman）和雷·罗森曼（Ray Rosenman）注意到，他们的候诊室里的一些椅子需要维修。前来评估工作的家具商对椅子磨损的情况感到疑惑：椅

子坐板的前端和扶手磨损严重。家具商向弗里德曼和罗森曼指出了这点，并告诉他们，正常情况下应该是椅子靠背磨损严重。这两位医生开始观察是谁在使用这些椅子。观察结果表明，使用椅子的是他们的病人——他们通常选择坐在椅子的边缘。直观地看，情况确实是这样：病人都非常焦急，他们不会放松地坐在椅子上，会频繁地站起查看是否轮到自己就诊了。医生得出结论，正是这种急躁、冲动和反复的动作造成了候诊室椅子的磨损，这很可能也是这些病人出现心脏问题的原因。

弗里德曼和罗森曼在1974年出版了《行为类型与你的心脏》一书。A型性格狂暴、冲动、有敌意，时常急匆匆的，经常同时做两件事，开车时从不会放松，总是急于到达目的地。他们具有攻击性，很容易引起争斗。外观表现出来的冲动和敌意是内心过度活跃的结果：他们的肾上腺系统分泌的激素比正常人要多一些。这样就会引起心脏动脉的破裂和心血管系统的损伤。弗里德曼和罗森曼的著作出版后，人们对他们的结论提出了很多争议，但是，A型性格与心脏病之间似乎确实存在密切的联系。所以，如果想利用在实验室啮齿类动物身上试验过的药物以帮助人类，就必须保证啮齿类动物也具有A型性格。否则，开出的药方对于等待治疗的病人不会有好疗效。

一些商业繁育项目在实验室中突出大鼠和小鼠的遗传特性，这意味着对这些啮齿类动物的性格做了或多或少的修改，使其适合进行心脏病药物检验。好的结果是，获得"攻击性小的"小鼠。小鼠通常是有敌意的，被认为表现出了一些A型行为的特点。坏的结果是，产生斯普拉格·道利（Sprague Dawley）的恐新大鼠，它们不喜欢进入新环境。这些啮齿类动物更适合用于研究心理过敏和焦虑症，这些症状与人的害羞和拘谨有关。对于与这些行为有关的生理学因素的研究尚处于初级阶段，但是，这对于开发治疗方法、预防或者治疗动物的心血管疾病很有意义，动物的心血管疾病与典型的人类患者非常相似。索尼娅·凯威哲丽（Sonia Cavigelli）和她的同事指出，"如果我们的目标是认识具体的性格特性的形成、生理学基础和对健康的影响，那么，最有希望的方法就是确定与人类的性格特性最接近的啮齿类动物的性格特性"。

如果我们接受动物性格——尽管我们更喜欢称其为行为特征——那么，我们也应该考虑动物文化。与马特尔和怀特黑德当时所记录的情况相比，人们现在更多地接受鲸鱼存在文化生活的观点，但是，事情并没有到此结束。生物学家现在知道，动物的文化活动如同雅皮士和大象一样多种多样。从座头鲸天生的巡猎习性到猫鼬整天趴着不动的懒惰，不同动物群体都有特定的后天习性。有些黑猩猩在见面时会互碰指节，而另外一些黑猩猩在见面时会互相掌击。狒狒不会去芭蕾舞剧团，但在马戏团长大的狒狒能学会一些表演。此外，在不同的马戏团，狒狒学会的表演肯定不同。如果有外来者加入一个群族，马上就会被看出来，这一点是确切的。

文化是很难明确说明的一个词汇，部分原因是我们有多种文化。有些文化属于种族，有些文化属于国家或者部落。此外，不同的文化圈对体育运动有特定的支持——例如橄榄球文化，有的文化圈会支持特定的球队。有的宗教文化会规定教徒如何度过星期五晚上或者星期日早晨。你可能属于一个威士忌俱乐部，这是文化的另一种标志。考虑对音乐的喜好：你可能属于喜欢爵士乐或者喜欢歌剧的文化圈。你可能属于药物文化圈，喜欢能够改变精神状态的药物。

《牛津英语辞典》对文化的定义是，"人类全部知识成就的艺术和其他表现形式"和"特定民族或者社会的思想、风俗和社会行为"。如果你想对文化下一个定义，你一定会有所遗漏。它是一个群族所表现出来的、有别于其他群族的行为模式。根据这一定义，我们来继续讨论动物文化。

动物文化是在 1999 年首次公开提出的。当时，一个灵长类动物研究团队——珍·古道尔是其中的成员——对那些反对动物具有共享传统的势利言论喊到"够了"。研究团队对黑猩猩积累了 150 年的观测结果，总共记录了 39 种不同的行为模式，从求偶方式到使用工具等。

这些行为的地理分布情况令人感到吃惊。例如，象牙海岸大森林中的黑猩猩会利用树枝探进蜂巢获取蜂蜜，在非洲调查的其他 5 个地方的黑猩猩不会这么做。几内亚博苏地区的黑猩猩的明显特征是没有在雨中起舞的习性。只有坦桑尼亚贡贝保护区的黑猩猩会用树枝探进蚁巢，将弄出来的蚂蚁抹在手上，然后吃掉。大森林中的黑猩猩会将树枝直接放进嘴里。只有贡贝保护区的黑猩猩在梳理皮毛时会利用树叶挤压寄生虫。大森林的黑猩猩会将身上的虫子放在手臂上用力地拍死。

现在来谈死亡的问题。死亡决定着我们生活中的很多文化态度。我们在图书、戏剧和歌曲中讲述的很多故事都来源于人类的死亡经历，我们对死亡的反应可能是我们的文化的一个主要决定因素。

有很多动物，如果进化比较少，它们会保持基本相同的文化特征，由此可以看出文化的传承。当然，这方面我们依赖的是逸闻传说和仔细观察：约翰·阿切尔（John Archer）1999 年在他的著作《自然的悲痛》中指出，"在实验中为了研究的目的人为地让动物感受悲痛，在伦理上是无法接受的，至少也是引起争论的"。根据对人的悲痛及其复杂性的研究，阿切尔相信："动物与幼崽或者亲密同伴分离时，会感到悲痛。"尽管阿切尔还不太确信，但已经进行的一些实验证实了他的假设。

例如，特雷莎·伊格莱西亚（Teresa Iglesias）利用西丛鸦做了一些试验："她和她的团队将一只死去的西丛鸦放在一户人家的后院，它很快就会被其他西丛鸦发现。看到死鸟的西丛鸦会发出鸣叫，附近所有的西丛鸦都会停止正常的觅食活动，飞过来看一看。"

西丛鸦看到死去的同类，会呼叫同类且停止觅食。伊格莱西亚观察发现，一群西丛鸦会聚集在死鸟的周围，发出刺耳的鸣叫。一天之后，它们会恢复正常的活动。显然，西丛鸦认为同类死亡时，它们应该停止活动。这样的观察结果远超出了许多研究人员的兴趣，伊格莱西亚发表了他们的观察结果，用了一个颇具争论的标题——《西丛鸦的葬礼》。

谈到葬礼，人类学家芭芭拉·J. 京（Barbara J. King）的《动物如何悲痛》中有一个很好的故事。京讲述了灵长类动物学家克里斯托佩·

伯施（Christophe Boesch）和海德薇·伯施－阿克尔曼（Hedwige Boesch-Achermann）在科特迪瓦大森林中的经历，他们称为"蒂纳"的一只黑猩猩被一只美洲豹咬死了。

伯施发现了12只黑猩猩，其中6只雌的6只雄的，静静地围坐在死去的黑猩猩的周围。在此后的几个小时，几只非常动情的雄性黑猩猩在尸体周围动作起来，有的黑猩猩会触摸"蒂纳"的尸体。在80分钟的时间里，雌性黑猩猩"乌利塞"、"马乔"和"布鲁图"几乎有1个小时在为"死者"梳理皮毛，"乌利塞"和"马乔"在"蒂纳"活着的时候就经常为它梳理皮毛。群体中的其他雌性黑猩猩则只是短时间地为"蒂纳"梳理皮毛。

最后，"布鲁图"赶走了在尸体旁边玩闹的年轻黑猩猩，"布鲁图"是这群黑猩猩中最聪明的。然而，它允许"蒂纳"的弟弟"塔赞"接近尸体，允许"塔赞"嗅尸体，检查尸体。"布鲁图知道，'塔赞'在大森林的幼年黑猩猩中是孤独的，它需要时间检查姐姐的身体，哀悼姐姐，"京这样说道，"'塔赞'的哀悼是这个社会群体的组成部分，群体的雄性首领知道它与姐姐的关系"。京将这种仪式描述为一种守护，这种仪式通常会持续6个小时以上。

京在书中讲述了很多关于动物对待死亡的奇特故事。有些故事令人难以置信——比如关于母鸡的传说。当有同伴落入水池时，它们会寻找人类施救。还有关于动物自杀的故事，一个是关于一只熊的自杀，一个是1847年《美国科学》报道的一只悲伤的瞪羚的自杀。京不确信是什么引起了它们的自杀。

但是，其他的一些传闻似乎是真实的。京讲述了一个产下死胎的海豚的故事——母海豚照顾死去的小海豚数天，在水中推动小海豚的尸体，不让贪婪的海鸥吃掉它，自己几天不进食，身体变得很虚弱。有时，其他海豚会游过来，绕着小海豚腐烂的尸体游动，使小海豚的尸体处于运动中，似乎是在对悲伤的母海豚表示同情。

京注意到，并不是所有的鸡、山羊、黑猩猩或者海豚在所有的情况下都会表现出悲伤，就像有的人在亲人去世时不会表现出任何的情绪波动。她说，"20世纪动物行为研究的最大发现是：黑猩猩、山羊或者鸡的感情不是单向的，就像人的感情不是单向的一样"。如此说来，许多动物乐于将自己做事的方法传递下去。

对主张动物文化的研究人员的一个批评涉及教育问题。不同黑猩猩群体之间的区别表明，文化准则是黑猩猩在成长过程中学习造就，如同英国的孩子吃大虾时会剥壳而新加坡的孩子会连壳吃掉。但是，行为的模仿与行为的教授不是一回事儿：对许多研究人员来说，只有当他们看到动物教授其他动物模仿自己的行为时——表明这种行为是有目的的——他们才能确信这其中有文化的存在。

很多人声称看到了动物对群体中的其他成员教授技能。一个做法通常要经过三次试验的验证才能被看作教育行为。第一，教授者在无经验的或者幼小的个体面前展现自己的行为。第二，教授者没有从自己的行为中获取直接利益，相反，有时甚至需要付出代价。第三，学习者要比在没有教授的情况下更快地获得知识或者技能。有了这些条件，我们就知道，文化知识和技能的传递不是通过简单的模仿行为在无意中实现的。只有少数动物能通过这样的试验验证。

我们前面提到过，年长的凉亭鸟会给群体中年轻的雄鸟传授搭建凉亭的技艺。研究发现，有些蚂蚁也具有类似行为——它们会教授别的蚂蚁如何寻找好的筑巢位置，甚至能判断被教授的蚂蚁是不是好学生。人们观察到了第一种具有教授行为的鸟：斑鸫鹛会利用特殊的叫声训练幼鸟发现并辨认食物。有意思的是，猫鼬会教授幼崽抓捕蝎子。

剑桥大学研究人员亚历克斯·桑顿（Alex Thornton）在南非喀拉哈里沙漠发现了这种行为。猫鼬习惯单独狩猎，幼崽不可能跟着学习。一般，成年猫鼬会将食物带回。当幼崽出来时，成年猫鼬会把死去的猎物放在幼崽面前。当幼崽能够熟练处理猎物的时候，成年猫鼬会改变策略

——蝎子比较难对付，成年猫鼬会去掉蝎子的毒刺，但会把活着的蝎子交给幼崽——幼崽必须学会如何杀死蝎子并吃掉它。当幼崽掌握了这些技巧之后，成年猫鼬将不再去掉蝎子的毒刺，让长大了的幼崽自己应对危险。成年猫鼬的做法可能有点讨厌：幼崽与蝎子搏斗时，它们会在一旁徘徊，如果蝎子即将跑掉，它们会将蝎子再次抓回来。最后，经过成年猫鼬的耐心传授，所有的幼崽都将变成有能力的狩猎者。

所有这些现象——性格、文化、教育——都指向一个不可避免的结论：人类的生活能力是地球上所有生物的生活能力的组成部分。人类与地球上的其他生物不是分离的。公正地说——也是显而易见的——人类文化比动物文化更丰富，人类文化以多种方式构成了地球上的世界。对此，我们才刚刚开始认识。

人类与自然界其他生物的最大区别是，动物交流与人类语言之间的阶跃变化。我们不知道为什么会出现如此大的鸿沟。正如史蒂文·平克（Steven Pinker）在《语言本能》一书中指出的那样，"语言出现的第一步，是一个秘密"。

尽管这在过去是一个被禁止的主题，但也无济于事。1866 年，巴黎语言学协会禁止讨论语言的演变：1866 法令的第 2 条中明确写道，"使用最初的单词似乎是合理的"，"协会不准讨论语言的起源或者创造世界语"。换句话说：人类语言具有多样性和独特性。

尽管巴黎禁令并未在全世界范围内执行，但研究语言的所有科学家都同意这一禁令。因为杰出的语言学家不会与生物学家和人类学家合作，他们坚决反对动物交流与人类交流之间存在桥梁的思想，而这种思想已强大地存在了 100 多年。

牛津大学教授弗里德里希·马克斯·穆勒（Friederich Max Muller）支持人与动物之间有差别的说法，他极力反对查尔斯·达尔文提出的自然选择学说。达尔文的著作发表于 1859 年，两年后，穆勒在英国皇家科学研究院做了一系列"语言科学演讲"。他在讲演中嘲笑了人类语言起源于动物交流的思想。他说，"语言是人区别于动物的界线，没有动物能跨过这条界线……语言科学能使我们对抗达尔文的极端理论，在人与动物之间划出一条坚实、持久的分界线"。

这条界线有其生理学上的原因。人类的喉位于喉管中较低的位置，咽比较长。喉的位置使我们成为唯一一种不能同时呼吸和吞咽的动物，没有人能说明这样的进化结果有利还是不利。这样的构造使我们能够发出其他动物不能发出的声音。事实上，这还不仅是让空气通过喉管，使我们能发出独特的声音，因为它还关乎我们的大脑。更有趣的是，它甚至还关乎我们的心理。是什么使我们能利用词汇表达抽象的思想、组合堆砌这些思想、以复杂的方式相互交换这些思想，从而进行成功的交流？

用进化论的语言来说，这种新的能力正是马丁·诺瓦克（Martin Nowak）所主张的观点的原因——"语言是过去数亿年进化的最有意义的东西"。他说，语言改变了进化的规律。当信息只能通过遗传传递时，我们利用语言积累知识、存储知识，将知识传递下去，加速了我们改变自身的过程。语言使我们能探索知识，使我们能增强计算机方面的能力，预防和治愈曾夺去过很多人生命的疾病，明显地改变我们所生存的地球。如果说人类有独特性，一定是因为人类意外地拥有了语言。

尽管人类具有语言能力，但我们发现，人类高于别的动物的现状也使人类处于危险中。我们的文化传递最终将人类划分到了许多虚幻的、危险的部分。生物学家 E. O. 威尔逊（E. O. Wilson）清楚地描述了人类的困境，"与一般观点不同的是，魔鬼和神灵并不会因为人类的忠诚而争斗。人类是自生的、独立的、孤独的、脆弱的。自我认识有益于个体和物种的长期生存"。

自我认识就包括谦卑地接受这样的事实：人类只是生态系统的组成部分，与其他物种相互依赖，与其他物种没有质的区别。有了这样的态度，我们就能接着讨论引起争论的作法：混合人体物质与动物物质。你对制造嵌合体感到开心吗？

3 物种嵌合

我们已做好了制造全新生物的准备

> 如果你养的鹦鹉会说，"谁是漂亮的男孩?"这没
> 有问题。如果你养的猴子这么说，那就是另外一回事
> 儿了。
>
> ——克里斯托弗·肖（Christopher Shaw）

要保持对启蒙运动光芒的欣赏，现在应该把目光转向别处。

1656年，建筑师、天文学家、外科医生、牛津大学经验哲学俱乐部成员克里斯托弗·雷恩（Christopher Wren）希望找到"一种给血液输入毒液的方法"。雷恩最初是给狗注射鸦片。这种方法效果良好，他后来又进行了一系列的实验，将乳剂、染色剂等各种东西注射进可怜的狗的静脉，观察狗的反应。

1660年底，对狗进行注射的实验有了新的基地。英国国王查理二世将经验哲学俱乐部改为英国皇家学会。1666年2月，英国皇家学会的实验主管罗伯特·虎克（Robert Hooke）领导的一个小组，首次进行了狗与狗之间的血液转输。研究小组用的是注射器，他们的计划很宏大。不久后，他们就尝试进行直接的静脉–静脉输血。由于出现了凝血，实验失败了，但动脉–静脉输血成功了。实际上，动脉–静脉输血相对顺利："在第一次实验中，他们（利用羽毛管作为导管）输入了过多的血

37

液，导致了供血狗的死亡。此后，他们调整了输血量，保证了供血狗的存活，但是，接受输血的狗却死了。这是一种陡削的学习曲线。"

他们的实验并未停止，小组的另一位成员罗伯特·波义耳（Robert Boyle）建议进行一系列后续实验。如果受体动物存活，可对它们进行监测，观察输血能否改变它们的行为、习惯或者身体特性。当年的 11 月，伦敦正进行大火后的恢复重建，他们在英国皇家学会的观众面前进行了实验。观众中包括有塞缪尔·佩皮斯（Samuel Pepys），他后来去了波普海德（Pope's Head）酒馆与科隆恩医生讨论了这次实验。他们对未来的项目提出了一些新奇的想法，例如，"将贵格会教徒的血液输给大主教"。这更多的是一种戏谑的说法，但是，当有消息说法国的科学家偷窃了英国人的成果时，他们的良好心境消失殆尽了。有消息说，法国人已成功地将动物的血液输入了人体。

英国的科学机构对这种冒犯感到震惊——以至于他们改变了科学记录。我们之所以这么说，是因为：《皇家学会议事录》1667 年卷的489—504 页有两个版本。

当法国人的稿件送到英国皇家学会的时候，《皇家学会议事录》的编辑亨利·奥尔登伯格（Henry Oldenburg）因叛国罪被关押在伦敦塔，所以出现了这种混乱。出版商马丁先生根本没听说过英国人的实验，就立即发表了法国人的研究结果。在奥尔登伯格被宣告无罪释放后，他对马丁的疏忽感到非常愤怒。他收回并销毁了所能找到的这一期《皇家学会议事录》。之后，他开始着手删除所发表的法国人的研究工作，补充了一份编者按，详细说明了英国人的输血工作。字里行间透露出一个人不能背叛他所热爱的国家的情愫："不管这种实验在其他国家进行了多长时间……众所周知的是，英国是这种实验的发源地。"

然而，奥尔登伯格没能成功销毁为法国人工作的所有《皇家学会议事录》。因此，我们知道了让－巴蒂斯特·德尼（Jean-Baptiste Denys）所做的人与动物之间的输血实验，让－巴蒂斯特·德尼是路易十四太阳王的医生。

也许正是德尼对宫廷淫乐纵欲生活的了解，触发了他用动物血液治疗病人的想法。他认为，动物血液是一种纯净的物质，比被淫荡的生活和无规律的饮食所污染的人的血液更纯净。他采用这种方法治疗的首个患者只有 16 岁，患者已连续高烧两个月。医生已给男孩放血 20 多次，没任何效果。他给男孩输入了 9 盎司的羊血，虽然没有治好他的病，但也没令他丧生。

下一个接受输入羊血的人是剪羊毛的工人，他 45 岁，身体非常健壮。输入羊血以后，他切断了羊的喉咙，剪完羊毛后去了客栈。这个报告发表后，英国人几乎立刻做出反应，给牧师亚瑟·科伽（Arthur Coga）输入了 32 盎司的绵羊血。佩皮斯将科伽描述为一个"贫穷放荡的男人"、"脑子有点癫狂"，他因为接受输入绵羊血获得了 20 先令的报酬。一个月后，也许是因为缺钱，科伽又接受了一次绵羊血输入。

回到 21 世纪的今天，我相信你绝不会接受注射绵羊血的提议——即便给你很多钱。我们很难接受人类组织与动物组织的混合，我们甚至不喜欢人类组织与人类组织的混合。例如，英国适合献血的人中仅有 4% 的人愿意献血（美国也仅有 5%）。一些人不愿意献血是嫌麻烦；一些人是不愿意扎针；一些人是害怕传染；一些人是不喜欢看见血液——血液就应该留在体内。还有大多数人是因为不接受输血的思想。

器官捐献存在的问题更大。在我写这本书的时候，美国有 118 667 人在等待器官移植。英国有大约 7 000 人在等待器官移植，有七分之一的人会因缺乏合适的捐献者最终死亡。20 岁的赛利·斯莱特（Sally Slater）移植了一颗 63 岁的心脏（从这颗心脏的诞生到赛利 20 岁），因此，她鼓动人们参加器官捐献，而不要拒绝。

赛利的呼吁产生了巨大的影响，因为她之前的困境曾引起了举国的关注。2000 年 2 月，赛利仅 6 岁，她患病了，父母以为只是普通的感冒。医生的诊断表明，病毒很致命：病毒侵袭了她的心肌。医生给她的身体安装了一台机器，帮助心脏进行血液循环，但这显然不是长久之计。3月末，她父亲进行了一次饱含亲情的公开请愿，寻求心脏捐献。赛利非常幸运，3天后，她找到了心脏捐献者——一位中年女性，她在交通事故中不幸身亡。这位妇女的家人被赛利父亲的恳求打动，心脏移植手术在位于纽卡斯尔的弗里曼医院进行。赛利一周后醒了过来，移植的心脏给了她新的生命。5月12日，《泰晤士》的头版刊登了赛利满脸笑容的照片。让她感到高兴的是，她可以回家了，可以吃自己喜爱的食物和她妈妈亲手做的胡萝卜蛋糕。她父亲的努力促使许多人登记成为器官捐献者。14年后，赛利依然健康地活着，她继续号召其他人捐献器官，为患者提供生的希望——像她曾经获得的那样。这里，不妨想想，我们能在不久的将来不再需要器官捐献吗？

赛利出院后的第二天，两位生物医学研究人员提交了一份专利申请。托马斯·瑞安（Thomas Ryan）和提姆·汤斯（Tim Townes）在专利申请书中写道，"该发明表明，动物能够产生另一种动物的细胞、组织和器官"。瑞安和汤斯指出，"删除一些基因，然后插入患者的基因，就可使猪（或猴子或奶牛）的心脏、肝脏、胰脏、血液或者皮肤细胞具有人类的基因，在基因方面与受体匹配，适合于器官移植。"在我们探索如何使这成为现实——成为现实又会是一种怎样的情况——之前，我们先考虑一个问题：我们真的想要把人与动物进行混合吗？

"国家要按照上帝的喜好生产生物，而不是生产人与猿的混合怪物。"你也许会认为，这样的话出自愤怒的主教或者讨厌科学的热衷于传道的讲道者。事实上，它来自希特勒的国家社会主义宣言《我的奋斗》。许多人都反对将人与灵长类动物进行混合的思想。但是，21世纪研究科学的人，似乎并不反对这一点。

恩斯特·黑克尔（Ernst Haeckel）是第一位明确提出灵长类动物与人可以成功杂交的科学家。20世纪末，黑克尔列举了自己对动物与人的血液的研究以作支持证据，他是世界上研究查尔斯·达尔文的新进化论的最著名的专家。毫无疑问，他肯定了解17世纪人与动物之间的输血研究。输血研究曾一度声名不好，趋于沉寂。但是，当黑克尔接触了业余动物研究者玛丽·本尼劳特·莫恩斯（Marie Bernelot Moens）后，他又开始了对输血的研究。莫恩斯是一名来自荷兰马斯特里赫特的一名教师，她希望通过人与黑猩猩之间的接近度证明进化的真实性。如果雌性黑猩猩能利用人类的精液怀孕，就能证明这两个物种之间没有真正意义上的障碍。

黑克尔希望莫恩斯的研究能够成功，并建议她使用非洲人的精液，因为他相信非洲人是最原始的人类，与黑猩猩杂交的成功率或许更高。莫恩斯开始着手组织一支探险队，但很快就被愤怒的公众阻止了。由于狂妄的举动，莫恩斯被教师队伍开除了，此后的生活穷困潦倒。也许正是这样的原因，之后进行的杂交实验在很长时间里都未得到公开。直到2002年，这项研究才有了新的进展。俄罗斯科学史研究者花费了十多年的时间，对诸多证据进行了筛选，证实了伊利亚·伊万诺维奇·伊万诺夫（Ilya Ivanovich Ivanov）曾经做过的研究工作。

伊万诺夫是俄国宫廷的动物授精员。当时，在宫廷之外，人们认为授精技术是违背人道的，故而不准使用，但伊万诺夫研制了授精的工具和技术，使他成为了当时处于领先地位的授精专家。国家的种畜健康强壮，俄国的农畜不断壮大，他成功杂交了许多动物，包括斑马与马的杂交。1910年，在格拉茨召开的国际动物学会议上，他首先提出了猿与人的杂交。

伊万诺夫并未立即行动，之后爆发的俄国革命使作为沙皇的服务人员的他遇到了一些困难。在这之后，又爆发了第一次世界大战。1924年，伊万诺夫在巴黎的巴斯德研究所做研究工作，获得了主管阿尔伯特·卡尔梅特（Albert Calmette）的好感。新的非常成功的抗肺结核的卡介疫苗（BCG——Bacillus Calmette-Guérin）中的C代表的就是卡尔梅特。他很想对黑猩猩的医学创新做更多的试验，他清楚地意识到，伊万诺夫的人工授精技能也许会在动物观测站发挥作用，该观测站出生的黑猩猩经常死亡。因此，他批准让伊万诺夫去该研究所位于几内亚－科纳克里的灵长类动物观测站。卡尔梅特说，在那里，伊万诺夫可以放心地尝试利用人类的精液让黑猩猩受孕。

伊万诺夫将卡尔梅特的建议看作是一个机会——"对我们能更透彻地理解人类的起源问题，提供有用的证据"。俄国科学院认为，这具有"伟大的科学意义"、"值得给予全面的关注和支持"，并拨付了足够的资金使伊万诺夫能够到达科纳克里。

然而，很明显，并不是所有俄国人都这么认为。一个支持科学的人告诉伊万诺夫，"不要理会那些说长道短的人和那些关于你工作的谣言，让他们见鬼去吧！"美国无神论促进协会也提供了支持：它承诺，如果伊万诺夫能制造出人 - 猿杂交体就赠予他 100 000 美元的实验经费。应当指出，无神论者知道这种实验会引起人们的愤怒，他们建议伊万诺夫静静地做好自己的工作，不要张扬。伊万诺夫提议去美国做一系列演讲，被认为为时过早，并未获得批准："制造出第一个人 - 猿杂交的幼小个体并做好展出的准备后，才是你到美国演讲的最佳时机。"然而，伊万诺夫的研究还是泄露了风声。他收到了三 K 党成员以及其他很多人的信件，对他进行愤怒的谩骂。

基里尔·罗斯亚诺夫（Kirill Rossiianov）对几内亚 - 科纳克里所发生的情况的说明使人感到不安。没能成功进行人 - 猿繁殖具有充分的理由：首先，黑猩猩都比较年幼（研究人员从狩猎者和陷阱捕兽者那里购买到的都是年幼的黑猩猩，他们会杀死成年的黑猩猩而将年幼的黑猩猩卖给研究人员）；其次，灵长类动物观测站的环境简陋，黑猩猩在这里活不了多长时间就会死亡。在观测站开办的三年时间里，总计购买了700 多只黑猩猩，只有不到 50% 的黑猩猩存活时间较长，被转运到了巴黎的生物医学机构。

伊万诺夫在 1926 年 2 月第一次到达观测站，在这里待了一个月，一无所获。11 月，他带着自己的儿子做助手。他们最终找到了 3 只成年的雌性黑猩猩。伊万诺夫对黑猩猩进行了人工授精，谎称是进行医学治疗，以避免引起几内亚工作人员的怀疑，他们憎恨人与黑猩猩之间的任何关联。然而，他的人工授精技术在这种条件下都遭到了失败。授精过程急促、草率，精液"很不新鲜"，精液只是注入了黑猩猩的阴道，而不是像他之前坚持的注入黑猩猩的子宫。黑猩猩被固定的网中，网缠绕在黑猩猩的身体上，使黑猩猩保持静止。伊万诺夫和他儿子的口袋里都有一把勃朗宁手枪，以防黑猩猩逃脱。罗斯亚诺夫指出，整个过程"野蛮仓促"……就像强奸一样。

这次人工授精没有取得成功。第二次人工授精也同样失败，他们利用氯乙烷使一只叫做"布莱克"的黑猩猩进入了睡眠状态。伊万诺夫的后续计划是利用黑猩猩的精液给几内亚女人授精——在她们不知道或者未同意的情况下。令人惊讶的是，他的计划竟然得到了统治者的批准。但是，一周后，统治者改变了主意，"这是一次巨大的打击"，伊万诺夫在他的日记中这样写到。伊万诺夫并未停止自己的研究，回到苏联后他安排了一个计划，准备利用本国捕获的一只猩猩的精液对苏联女人作授精。他找到了一名女性志愿者，但是，这只叫做"塔赞"的猩猩在实验开始之前就死了。

到此，伊万诺夫结束了制造人－猿嵌合体的尝试。当研究人员等待运送 5 只黑猩猩的时候，他被公开控告图谋进行政治颠覆。作为前宫廷人员，伊万诺夫始终处于危险的境地。1930 年 12 月 13 日，他被捕了，然后被流放 5 年，流放地点位于目前的哈萨克斯坦境内。后来，约瑟夫·斯大林（Joseph Stalin）下达了释放伊万诺夫的命令，不幸的是，在释放的前一天，他因中风去世。

在讲述当今前沿科学的细节之前，我们有必要知道这方面的这些历史故事。首先，我们需要知道的是：科学家会努力推开每一扇可能的门，而周围社会的反应或许会阻止科学家的这种努力。其次，这些故事表明，科学不是发生在真空中。那些推动科学进展的人往往都有自己的理由，那些决定应该做什么的人往往会有一些私心。首次输血尝试就具有狂热的爱国主义意味，过度的民族自豪感超越了科学的意义。美国无神论促进协会的经费诱惑对伊万诺夫来说是个巨大的驱动力。来自苏联国家的研究基金也出于类似的目的，人们大都相信，人－猿杂交体将会破坏农业人口中弥漫着的宗教情感。没有证据表明，参与科学研究的人会过多地关注资助人通过获得人－猿杂交体所希望达到的目的。

另外值得指出的是，这些研究的报道者对这种事情也融入了自己的情感。罗斯亚诺夫就很反感他所发现的伊万诺夫的研究内容。2007 年，他告诉《外界》杂志的记者约恩·科恩（Jon Cohen），"我敢说，他们的做法令人作呕。即使到现在，我也对他们的做法难以理解"。关于人与动物嵌合体的争论，两位生物伦理学家写了一本影响巨大的专著。仔细阅读他们的著作，你会看出他们也有同样的偏颇。例如，戴维·阿尔伯特·琼斯（David Albert Jones）和卡鲁姆·麦凯勒（Calum MacKellar）重复了这样的谣言："斯大林命令伊万诺夫制造人－猿杂交体是为了全面恢复苏联的战争机器。"他们说，"据莫斯科报纸报道，斯大林告诉科学家：'我想得到一种新人类，他们是不可战胜的，不会感到疼痛，能接受各种质量的食物。'"为了支持自己的论点，他们指出，"当时的苏联当局在一系列战争失利后正努力重建自己的部队"。但是，罗斯亚诺夫的文章中并未提到斯大林的命令。

琼斯和麦凯勒提出，几乎没有医学方面的理由去追求人与动物的嵌合体。这一观点对吗？这是个重要的问题，因为在我们今天的生活中，人与动物的嵌合体，或者说，"含有人类物质的动物"，已成为了一种确定的现实。

你可以说我们已经是嵌合体：不管怎么说，我们是人类与细菌细胞的混合体。人的身体中有数万亿的细胞，有数百万亿的细菌，没有这些东西人将无法生存。人的免疫系统依赖于体内的细菌，生活在人体内的细菌发现有危害的入侵者时会发出报警。2012 年，发表在《科学》上的一项研究表明，人的体表也布满了细菌，大约有 1 000 多种。这些细菌与免疫系统进行信息交换，帮助人抵抗感染。

在世界各地的制药厂，有一桶一桶的细菌，这些细菌具有人的生物学特性。这些细菌日复一日的工作就是为罹患 1 型糖尿病的 350 万人生产人类胰岛素。这些患者很不幸，他们的身体无法制造一种蛋白质，这种蛋白质可使细胞获取食物提供的能量。解决这个问题相对容易：可以将这种蛋白质——胰岛素——注入他们的皮下脂肪，循环的血液会将胰岛素带到需要的地方。糖尿病患者从哪里获得他们需要的胰岛素呢？答案是，这些胰岛素来自嵌合体：利用人类基因改造过的细菌，这些细菌能吸收营养并分泌胰岛素。

严格来说，生产胰岛素的细菌是转基因嵌合体：它们含有另一物种的基因物质而不是完整细胞，嵌合体的种类很多。"真正的嵌合体"是：由相同物种或者不同物种的两个不同动物的细胞拼接而成。通过两个胚胎在子宫（或者实验室）中融合或者将另一个动物的干细胞注入正在发育的胚胎产生嵌合体。而"真正的杂交体"正是伊万诺夫所希望制造的东西。杂交体是将不同物种的卵子与精子混合所产生的结果。伊万诺夫使马与斑马成功地进行了繁殖，这说明，在某些情况下，采用这种方法能成功地制造出胚胎。你可能会认为，杂交的动物必须是比较类似的动物，但值得指出的是，目前已有数千个仓鼠卵利用人类精液实现了成功授精，但这些仓鼠卵均非在自然状态下授精的。通常情况下，只有同物种的精子才能穿透卵子的透明带，也就是起保护作用的外层。试验中，这些仓鼠卵的透明带均是被化学物品剥开。这种方法或许能用于人的生育能力试验，仓鼠试验表明精液是否具有足够的运动性和能力穿透仓鼠卵外壁。

今天，仓鼠试验在很大程度上已被直接检查精液的新的生育能力试验取代。保留这样的受精胚胎（如果真有这样的受精胚胎）是不合法的，当然也不能将这种胚胎植入任何物种的子宫。但是，制造这样的真正的人类杂交体，依然是有可能的。

下一个出现的是细胞杂交体，就是将两个不同物种的细胞进行融合。这些细胞不是精细胞或者卵细胞，不能成长为动物。但是，它们可以培育成一组细胞，每个细胞都带有来自两个物种的一组染色体（基因）。例如，研究人员可以将老鼠细胞与人皮细胞相融合，然后改变人皮细胞中的染色体。观察融合后的细胞可能会产生的化学物质，以揭示不同的人类基因的作用。

胞质杂合体（Cybrid）又是另一种不同的东西：该术语来自于细胞质的（cytoplasmic）杂交体（hybrid），指将供体的 DNA 植入另一物种的卵子（卵子原来的 DNA 已被除去）所得到的生物。将细胞原来的细胞核除去，植入另一种细胞核，也可获得胞质杂合体。最终生物的 DNA 主要为 DNA 供体的 DNA，卵子供体的 DNA 只占到 0.1% 左右。

国际上认可的法律规定，如果利用人类 DNA 制造胞质杂合体，获得的胚胎必须在数日内销毁。数日的时间，足以从生长的胚胎中获取干细胞，这对医学研究非常有用。从根本上讲，这正是人类嵌合体研究的关键所在：在培养皿中获得一些东西，帮助我们理解人类在什么位置、为什么会出现不同的疾病。这是人们所期望的一种情况，也正是这种研究的合理性所在。

将人类细胞植入动物，制造出人类嵌合体，常常会使动物更容易罹患人类特有的疾病。这样，我们就能采取不同的方法在动物身上对这些疾病进行研究，因为在人类身上进行这样的研究被认为是违反道德的。例如，根据医学科学院的报告，将人类基因植入动物卵子在目前"是很常见的"，这种方法通常用以研究亨廷顿病和肌肉萎缩症。人类已努力了近 50 年的时间，试图将人类癌症植入至小白鼠，研究癌症的发展。具有人类免疫系统的嵌合体小白鼠在人类对抗艾滋病病毒的研究中发挥了重要作用。移植了人类神经干细胞的老鼠能帮助我们理解，如何修复因打击造成的大脑损伤。未来，有希望出现嵌合体器官。

如果想要猪长出人类的胰脏，第一步就是取出猪的细胞核，除去负责胰脏生长的基因。这些基因被称为 PDX - 1 基因。取出猪的卵子，除去细胞核，因为细胞核中含有卵子供体的基因。然后，植入除去了胰脏基因的猪的细胞核。

如果让这个卵继续发育（它可以成功发育），它不会长成一头猪，因为没有胰脏的生命无法延续。汤斯和瑞安推理，如果给它植入人类的多能干细胞——这些细胞能够变成身体内的任何细胞——多能干细胞将会填补其中的空缺。如此长成的猪将能具有胰脏：人类的胰脏。

这听起来很像科幻小说，但并不是，今天的科学距离实现这种情况已为期不远。2010年，当赛利·斯莱特庆祝她的移植手术成功十周年之际，中内宏光（Hiromitsu Nakaushi）与他在东京和伦敦的同事正庆祝他们工作中的一个巨大成功——他们已将老鼠的多能干细胞植入小白鼠的囊胚（囊胚是已经开始发育的胚胎）。小白鼠囊胚中的 PDX－1 基因已经被去掉了；将老鼠的细胞植入小白鼠的细胞，小白鼠的每个部分都多少带有了一些老鼠的细胞，小白鼠的胰脏几乎完全由老鼠的细胞构成。实验结果，小白鼠身体健康，机体功能正常。它活得很好——直到进行胰脏检查时才死去。

鉴于此，日本政府在2013年6月做出规定：研究人员将人类干细胞植入动物是合法的。现在，日本与其他国家的法律一样，规定这种方法只能用于器官培育。事实上，并不是其他每个国家都有研究人员知道如何采用这种方法培育器官。当日本的研究人员完成了所有的基础性工作后，他们会就此停步吗？

当年6月，日本取得了新的成功。7月3日，横滨城市大学的研究人员公布了具有人类肝脏的小白鼠。这只是概念验证，这种概念在10年内不会达到医学应用的程度，但这依然是个令人震惊的突破。

这个肝脏是由人类干细胞长成的——人类干细胞取自人的皮肤，经过化学改编，逆转为多能干细胞。进一步的化学处理会将多能干细胞转变为肝脏中的不同细胞。这种"肝芽"植入小白鼠的体内以后，它们会连接小白鼠的血液供给系统，继续生长。最后，科学家给小白鼠服用化学药品，这些药品会在小白鼠肝脏和人类肝脏中进行不同的分解，在小白鼠血液中提取的分解物与人类肝脏产生的分解物相同。

　　但是，除去胰脏基因还远远不够。小白鼠胰脏的所有细胞并非都是由老鼠的细胞构成，因为给胰脏供血的动脉和血管是由另一个基因中发出的指令构建。然而，中内宏光已消除了这一障碍——他是在除去了负责构建小白鼠动脉和血管的基因后植入的多能干细胞，生成了老鼠的组织网络，将血液输向全身。这项研究工作取得了圆满的结果。

　　对于要生成整个人类肝脏的想法，你不必感到吃惊。在小白鼠的体内无法生成人类肝脏，因此，中内宏光在猪的身上重复了利用小白鼠/老鼠所进行的技术实验，因为猪的体格很适合承载人类的器官。迄今为止，他已在一头猪的体内培育了另一头猪的胰脏。他计划很快就能培育出带有人类动脉、血管和胰脏的猪。最后的一个障碍是：他要确保人类多能干细胞不能变成错误的细胞。如果多能干细胞变成了卵细胞或者精细胞或者脑细胞，中内宏光就逾越了嵌合体研究人员的法律界限。

　　麦凯勒（MacKellar）和琼斯（Jones）冷静地描述了嵌合体时代最可能出现的大灾难。他们说，"有些人类细胞也许会在无意中进入发育的睾丸或者卵巢，变为人类的精子和卵子。如果两只这样的嵌合体小白鼠进行交配，就会在体内形成人类胚胎"。

　　你无法想象这种情况，对吧？我们实在无法想象，小白鼠的肚子不断胀大，子宫里有个人类胚胎在发育。绝对不会出现这样的事情：小白鼠子宫内绝对没有支持人类胚胎发育所需要的营养和生理构造。

　　英国医学科学院发布了一份关于嵌合体的报告——它将嵌合体称为"含有人类物质的动物"——报告清楚地表明，伊万诺夫试图制造的那种半动物半人的胚胎在目前已经成为可能。"在有些研究工作中，确实在动物体内生成了正常的人类精细胞和/或卵细胞。这就存在了一种极小的可能：无意中，或许会发生人类生殖细胞与动物生殖细胞的结合"。

　　当然，这依然是不太可能的。即使出现了人类生殖细胞与动物生殖细胞的结合，也不可能出现成活的胚胎。尽管如此，英国医学科学院还是建议，在允许科学家将这种概率极小的可能性变为现实之前，由各方面专家组成的国家团体应对这种情况作认真考虑。中内宏光说，"他已经找到了阻止多能干细胞发展为精子或者卵子的方法"。我们能相信他的说法吗？

另一个噩梦是：带有人类大脑的猪——或者猴子或者小白鼠。这可不是一个意外，人－动物嵌合体研究工作的一个目标是，将人类的神经干细胞植入灵长类动物的大脑以研究帕金森症如何给患者造成痛苦。英国医学科学院指出，"关键的问题在于，将人类细胞植入动物大脑，是否会使动物形成人类的意识，或者类似人的行为与感觉。对此，学术界目前还无法给出确切的答案"。

有些专家指出这是荒谬的、可笑的。回忆曾经有过的一些奇怪的先例，我们似乎应该慎重考虑一下。听起来荒谬、可笑的另外一件事是——在哈佛大学，在国家心理健康研究所的资金的支持下，埃文·巴拉班（Evan Balaban）将 T 恤衫发光涂料涂在了小鸡的嘴上。研究的结果可不是什么笑话。

当这些小鸡还在孵化时，巴拉班对它们进行了手术。他从日本鹌鹑的胚胎取出一些脑细胞，在孵化的蛋上切开一个小口，在小鸡胚胎的大脑中植入了鹌鹑细胞。

当小鸡孵化出来以后，巴拉班将这些小鸡带进在哈佛大学已准备好了的录像室，利用影像记录小鸡的行为表现。涂了发光涂料以后，摄像机能方便地记录小鸡头部的运动。这样做非常重要，因为这些小鸡在啼叫时会像鹌鹑一样快速摆动头部，它们的叫声也与鹌鹑一样。植入的细胞发挥了作用。

它像鹌鹑一样鸣叫，像鹌鹑一样运动，但这并不意味着它就是鹌鹑。巴拉班孵化出来的东西毫无疑问是小鸡，但它们的很多行为很像鹌鹑。因此，人们对这一发现感到担忧：我们能制造出带有人类脑细胞的动物吗？小白鼠需要多少人类脑细胞能变得有意识？

当我们设法了解帕金森症与阿尔茨海默症的根源时，这个问题就变得很有必要了。在物种混合方面的一个想法是：研究接受人类脑细胞移植的类人猿的大脑。但是，并非每人都认为这是个好主意。一组研究人员于 2005 年在《科学》杂志发表文章指出，这或许会改变猴子的道德地位。如果这样的移植能改变灵长类动物感受快乐与痛苦、使用语言与推理、享有更丰富的相互关系等方面的能力，一切都会改变。文章指出，"就（非人类灵长类动物）在这些方面所具有的能力来看，类人猿应该具有相应较高的道德地位"。

在讨论动物道德地位之前，我们可以先思考一下人类对嵌合体的感受。

对嵌合体的研究充满希望，但也不能保证研究有结果：从长远的观点来看，目前还不确定嵌合体研究能否获得成果。如果我们开始为了培育器官而养猪的话，那么，为了满足人类的器官需求，每年将屠宰难以计数的猪。不管你多么喜欢培根与香肠，满足器官需求的屠宰猪的数量巨大——足以令人感到作呕。另一方面，设想一下，如果赛利·斯莱特的父母没有等来供体，他们会有多伤心！哪种情况更不好？人们对这一问题已有了一些对话，很明显，无法给出简单的答案。以 1996 年关于异种移植问题的报道为例——异种移植是指给人类移植其他动物的器官。该报道由纳菲尔德生物伦理委员会进行，征求公众的反应。报道得到了公众坦率的意见。

一个人回应指出，"令人感到不安的一个原因是，它突破了正常情况下不可侵犯的边界。接受动物器官被看作是人的本体与动物本体的混合，它淡化了人的人类特性。"报道强调了一些人的反应，这些人依据宗教信仰认为一些动物是不洁净的。排在第一位的异种移植者是猪，猪的器官在尺寸和功能上更接近人类的器官。但是，犹太教徒和伊斯兰教徒都不愿意接受这样的移植。

这不仅是关乎宗教的问题。在澳大利亚对重症护理护士进行的一项小规模调查表明，三分之二的患者不愿意接受猪的器官。在英国，持保留意见的患者所占的比例也大致相同。

　　纳菲尔德生物伦理委员会的报道得出的结论是，尽管存在这些顾虑，但仍有充分的医学理由加紧异种移植研究，前提是需要制定出严格的道德框架和法规框架。对于有些情况来说，只有这些框架还是不够的。2008年，西班牙的一个科学团体——BBVA基金会——向22 500人提出了一个同样不好回答的问题："为了获得干细胞（仅用于研究），你认为，制造出杂交体胚胎并生长几日在道德上可以接受吗？"

　　他们收到了来自欧洲、日本、以色列和美国等地区和国家的答案。调查者说明了具体的操作过程：将动物（例如兔子或者奶牛）的卵细胞去核，然后植入成年人类的细胞核。从成长数天的杂交体胚胎中获取的干细胞是100%的人类干细胞。这些干细胞只能用于高级的生物医学研究。这些干细胞不能用于患者，杂交体胚胎也不允许发育超过初始阶段。当然，更不能植入患者体内。

　　得到的答案大多是否定的。大多数人认为，通过混合人类物质与动物物质进行高级生物医学研究，从道德层面来讲是不能接受的。后续的询问确定了反对的原因：人们担心如打破了物种间的屏障，可能会为有害东西的发生创造新的机会。

　　也有少数人对这样的机会持积极态度。一位参加调查的人对研究人员说，"我的朋友患有多发性硬化症和癫痫症。由于坚持服用药物，他们仍然活着。我很高兴还能看到他们。我非常喜欢动物，但我们必须推动医学的进展，拯救我们同类的生命。"

　　还有另一个观点："你不必喜欢它，但如果这样做有好处，也是值得的。"你如何看这个问题呢？

　　你可能认为这无关紧要——科学家会加紧研究，做他们应该做的事情——但事实并非如此。长期以来，人们低估了外部意见对确定科学研究方向所起的作用。有时，它会使科学停滞不前，会延迟更好的情况的出现，或者防止更坏的情况的出现。有时，它会改变科学的发展方向，将科学家带到从未关注的领域。

　　如果我们对嵌合体缺乏信心，那么，表观遗传学也会遇到困难。从多方面来看，这是一个复杂的问题：我们会发现，科学会受政治问题、战争和历史负担的困扰。在我们还不能完全确定表观遗传学的新发现的真正意义时，人们对表观遗传学的认识是非常混乱的。

4 基因精灵

生命不仅有DNA

从运动技巧到肥胖症，从天才到罪犯，我们对基因了解得越多，就越会感到环境的重要性。

——史蒂夫·琼斯（Steve Jones），《毒蛇的诺言》

我虽然不偏执，但喜欢分析自己的基因遗传。我站在纽约哈莱姆黑人区圣尼古拉斯大街772号前面的街道上。这是一栋褐色的石头建筑，高大、坚固，与旁边的其他建筑的风格一致。这是我第一次来到哈莱姆黑人区，站在街道上，我有点心神不安，仰望着高大的建筑，心底泛起了一丝归属感。这是我的曾祖母曾经生活过的地方。

我的曾祖母名叫劳拉布·鲁克斯（Laura Brooks）。我有一张她的照片：她坐在宽大楼梯旁边的一个带扶手的椅子上，嘴角挂着微笑，似乎摄影师刚给她讲了一个好笑的笑话。她是个裁缝，根据大家所说，她过着优裕的生活——她不缺钱，她曾乘船去爱丁堡两周看望她的儿子（我的祖父），她买了"玛丽皇后号"的船票，订了房间。她没有因为是黑人而乘坐低等舱旅行。

我不了解我的曾祖母。我父亲的父辈和祖辈的其他人我也不了解。我在21岁的时候才第一次见到我的父亲，他在我一岁的时候就离开了家。人们常常问我第一次见到父亲时的感觉。对我而言，最深刻的记忆是，有一样东西突然变得有意义了。我与父亲具有相同的体格。我们会对相同的笑话发笑；我记得，我当时就觉得幽默感一定是一种遗传特性。

从那次见面以后，我才慢慢地拼凑起自己的过去。当发现自己具有牙买加人基因的时候，我不由自主地感到高兴：当我和我的孩子们看到尤塞恩·博尔特（Usain Bolt）在 2012 年伦敦奥运会上夺得 100 米短跑比赛的冠军时，我们都有一种骄傲感。我告诉孩子们：他们的曾祖父，我父亲的父亲，曾是纽约乔治华盛顿中学田径队的短跑运动员。每当这个时刻，我都感到特别的骄傲。我们布鲁克斯家族体格健壮，我告诉孩子们：作为牙买加奴隶的后代是有优点的。当然，也存在不利的一面，这是公正的。

"现在的人们都知道，在哈莱姆黑人区，非裔美国人与孟加拉裔美国人相比，寿命长于 65 岁的可能性更小。" 这是一个令人吃惊的统计结果，克里斯托弗·久泽（Christopher Kuzawa）和伊丽莎白·斯威特（Elizabeth Sweet）在 2009 年发表的关于新兴的表观遗传学的论文的第一段就是这么写的，他们知道这样描写会令人们感到吃惊。他们继续描写道：

> 在全美国范围内，非裔美国人在所有年龄段因各种原因出现的死亡率是美国白人的 1.5 倍，心脏血管疾病和他们的先天性疾病（包括高血压、糖尿病和肥胖症）是主要原因。非裔美国人死于心脏病的风险是美国白人的 1.3 倍，罹患糖尿病的可能性是美国白人的 1.8 倍。非裔美国人出现高血压的概率是白人的 1.5~2 倍，在某些地区的概率或许更高，比如美国南部所谓的"中风带"。总的来说，几乎有一半的非裔美国人会出现某种心血管疾病，这使种族差异成为目前美国最严重的公共卫生问题之一。

20 世纪 80 年代，南安普敦大学的研究人员试图找出这些统计数据之后的原因，他们发现了有趣的关联性。出生时体重低于平均重量的人，成年后更容易出现心血管疾病、糖尿病和高血压等疾病。出生重量低与预期寿命短之间存在明显的联系。他们认为最根本的原因是，营养不良的胎儿分配资源的方式与营养充足的胎儿不同。营养不良的胎儿的最明显的差别是发育缓慢，器官及其他生理特征发育会有小的变化。文献中广泛记录的例子是，营养不良的胎儿的肾脏较小，长大后出现肾衰竭的可能性较高。

而且，这种损害是永久性的。如果孩子出生时体重较低，即使出生以后给予营养丰富的饮食，他们罹患与出生体重低相关的疾病的风险依然较高。子宫中的营养不良是一种永久性的缺陷，这只是我们需要认真对待表观遗传学的原因之一。

"Epigenetics"（表观遗传学）中的"Epi"表示"在……之上"或者"除了……之外"。如果你想搞清楚一个胚胎——或者其他生物体——如何发育，仅知道基因的作用是不够的，基因是决定眼睛和头发颜色以及其他很多种族特性的化学单位。你还需要搞清楚的是，基因的化学性质所运行的环境。遗传学家史蒂夫·琼斯（Steve Jones）在他的著作《毒蛇的诺言》中写道，"我们对基因了解得越多，就越会感到环境的重要性"。

这里，我们从基因开始讲述。奥古斯丁教修道士格雷戈·孟德尔（Gregor Mendel）首先开始了遗传问题的认证研究。孟德尔由于财务原因成为了神职人员，他不会与教区居民相处，报考理科教员也没有成功。他唯一的出路是在位于布尔诺的圣托马斯的奥古斯丁教大修道院中安静地生活。在那里，他进行了一项令人振奋的研究，探索发现遗传规律。

孟德尔在 1866 年在成果介绍中写道，"进行具有深远影响的工作确实需要一些勇气。"他开始进行实验时，当时人们所接受的思想是：我们继承了父母的特征，所有的东西都是平均的。孟德尔对豌豆做了

29 000 次实验,推翻了陈腐的、古老的思想。例如,他对白花植物与紫花植物进行杂交,发现下一代植物为紫花植物。通过这样的实验,他猜测:存在遗传单元——"紫色"指令肯定以某种形式超越了"白色"指令。最后,他利用实验结果以及自己的逻辑学和数学知识(还有一些小聪明),将自己的发现总结为两条定律。

其一,分离定律。任何遗传性状(比如颜色)植物都有两个遗传因子,其中一个是显性因子。只有一个遗传因子会遗传给下一代。子代植物会从另一个父代植物获得另一个遗传因子。显性因子决定着子代植物的外观特征。

其二,继承定律。简单地说,就是每个因子都与其他因子无关。两种不同的外观特征,例如叶形和花瓣颜色,通过两种不同的因子进行遗传。

这就是孟德尔的发现。获得这一发现耗费了他八年的时间,但专家们认为他一定是在骗人。他的实验产生的子代花卉具有完美的外观特征——非常完美——完全符合遗传定律。这也许解释了他的工作简介的最后一句话:"进行分离实验的计划是否最适合于获得期望的结果,要留给读者来决定。"

在孟德尔去世数年以后,人们才认识到他做出了影响深远的贡献。这并不是因为人们怀疑他的数据,而是因为孟德尔具有重大的罪孽,他将遗传的东西从发育过程中分离了出来。孟德尔的工作没有涉及新植物所表现的外观性状的机理。当时,人们都是结合发育过程研究遗传问题,所以也就没人关注孟德尔的"胡言乱语"。30 多年以后,在查尔斯·达尔文(Charles Darwin)发表了《物种起源》并假定需要遗传单位以后,许多研究人员对遗传问题开始了重新研究,再次发现了孟德尔的遗传定律。

达尔文的进化论与他的堂兄弗兰奇·高尔顿(Francis Galton)首次提出的关于遗传的新的数学方法有力地推动了生物学的发展。1894 年,

剑桥大学研究人员威廉·贝特森（William Bateson）出版了一本观察自然变异的书，提倡"进行繁殖过程的系统实验"。不久以后，他发现孟德尔已做了这样的实验。贝特森将孟德尔的著作翻译为英文，并在1905年提出了术语"遗传学"，这一术语来自希腊词汇"生殖"。这样就开始了提炼遗传单位的研究工作。

我们现在知道，基因是一组大分子，含有生成蛋白质所需要的信息，而蛋白质在生物学中起着重要的作用。基因组有4种分子，分别用字母A、T、C和G表示，这4个字母的组合代表基因组。基因的"单词"由3个字母组成，"单词"组成的"段落"称为外显子。"段落"结合在一起组成基因。基因连接在由糖和磷酸分子组成的螺旋线上，A、T、C和G分子位于螺旋线的侧边。这些"字母"构成了一本巨大的"说明书"，体内的其他分子通过阅读这本"说明书"获取遗传信息。这些分子根据"基因指令"制造蛋白质。

当我们首次分离基因时，我们清楚地看到，不同组织的DNA螺旋线是不同的。如果一个螺旋线带有G，另一个螺旋线肯定带有C。如果一个螺旋线带有T，另一个螺旋线肯定带有C。这种不同组合的数量非常巨大，因此，世界上有各种种类的动物和植物，每个物种又有很多外观不同的种类。

如果说，基因的发现能解释很多问题，确实有点言过其实。人类基因组计划的目的在于发现人类的基因顺序，当这一计划接近完成时，遗传学家、作家马特·里德利（Matt Ridley）在他的关于基因组的著作中写道，"几年以前，我们对基因一无所知；现在，我们已知道了一切"。这么看来，马特·里德利或许过于乐观了。但是，里德利也不是唯一一位如此乐观的人。2000年，人类基因组顺序公布之前，《自然》杂志将获取人类基因组数据的因特网端口称为"金黄通道"。2010年，在《细胞》杂志上，从基因组中挖掘进化数据的研究人员提出，我们现在处于"进化遗传学的黄金时代"。2011年，《科学》杂志的一篇论文提出，我们现在生活在"人类群体遗传学的黄金时代"。还有很多其他出版物的标题，例如，"快速发展的基因组：通往黄金时代"、"微生物基因组的黄金时代"、"遗传学与生物学的黄金时代"……我还可以列出很多，但没必要再继续列举了，因为这样的标题都是夸夸其谈。

真实的情况是，在 10 多年前我们就知道，基因不仅与遗传有关。分析大肠杆菌、大猩猩和猎犬（金毛）的基因组，有希望获得大量的成果。基因组计划获得了数百万的基因序列，每一个基因排序都可以生成具有特定生物学功能的蛋白质，由此可以破解生物组织的密码。但是，DNA 代码中字母组合相同时，依然能获得不同的生物。这是因为，基因不仅是存在或者不存在，基因周围的化学物质会使基因"关闭"或者"打开"。而且，这些环境因素还会产生影响——通常是持久的和破坏性的影响——可以持续数代。

20 世纪 90 年代早期，人们首次注意到了表观遗传变化。遗传学研究人员关注了人道主义灾难幸存者的后代，正是人道主义灾难造就了奥黛丽·赫本（Audrey Hepburn）优雅可爱的气质。

赫本因在电影《蒂凡尼的早餐》中扮演霍莉·戈莱特利（Holly Go-lightly）而出名。霍莉·戈莱特利并不是赫本所饰演的角色的真实名字：电影中的曼哈顿社交名媛实际上是一位来自得克萨斯州的女孩，名叫卢拉·迈·巴尼斯（Lula Mae Barnes），她 14 岁结婚，后来离家出走，希望寻找办法支持离开军队的弟弟。

电影剧本引起了赫本的共鸣，她有着悲惨的过去，是一位过上新生活的逃亡者。1944 年冬天，她还是个十几岁的小女孩，她的名字是埃达·范·海姆斯特拉（Edda van Heemstra）。她住在德国人占领的荷兰城市阿纳姆，她的具有英国色彩的名字奥德丽·凯瑟琳·拉斯顿（Audrey Kathleen Ruston）容易引起怀疑。

她不缺少勇气：她进行秘密的芭蕾舞表演，为荷兰的抵抗运动筹款。这些表演对她来说是一种巨大的挑战：与大多数观众一样，埃达遭受着贫血症的折磨，出现了浮肿和呼吸困难。因为他们拒绝帮助德国与盟国作战，作为惩罚，德国占领军有组织地使当地居民处于饥饿状态。这一时期被称为"荷兰饥饿的冬天"，有 22 000 人被饿死。这对埃达以后的生活产生了影响。当盟国解放阿纳姆时，除了已有的疾病外，她又增加了黄疸、子宫内膜异位、哮喘和抑郁等疾病。她将名字改回了奥黛丽，但无法改变贫困的生活给她造成的影响。

对"荷兰饥饿的冬天"受害者的研究揭示了一些值得注意的事实。饥荒期间处于怀孕早期的妇女所生的女孩罹患精神分裂症的概率是其他人的 2 倍。我们知道，这种疾病有一种遗传组分——如果父母或者其他亲族患有精神分裂症，所生的孩子很可能罹患精神分裂症。这种遗传关系比较复杂，很可能涉及数千个遗传组分，这些母亲子宫中的孩子的基因正好出现了某些组分。

还有一个奇怪的影响是，这些孩子容易出现肥胖症。母亲怀孕期间营养不良，会使孩子在以后的成长中更易出现肥胖。另外，遗传变化是有原因的——我们知道肥胖症有遗传倾向。如果母亲在怀孕后期营养不良——怀孕后期是胎儿生长的主要时期——出生的婴儿体重会明显较轻。这些孩子永远赶不上正常人，会一直显得较矮小，出现肥胖的可能性较低。

荷兰饥荒期间出生的女性更容易罹患乳腺癌。饥荒期间出生的孩子罹患冠心病的可能性也高出正常水平两倍。肥胖和乳腺癌这两种疾病皆有遗传。怀孕期间的营养不良会对孩子的遗传带来长久的影响。

事实证明，遗传对孙子一代也会产生影响。研究人员现在已开始了前辈所遭受的环境压力对后代的遗传影响的研究。对于荷兰饥荒受害者的后代的研究表明，基因改变的影响至少遗传两代。胎儿时期遭受饥荒的人以及他们的孩子，这种影响甚至能遗传多代。

我们都知道，遗传对头发颜色是有影响的。红头发的人特别值得注意，他们有一种基因——称为 MC1R——负责红头发的促成。然而，刺鼠能改变后代的毛色且保持基因组不变。通过给怀孕的刺鼠饲喂特定的饲料可以实现上述改变。

2000 年，兰迪·杰特尔（Randy Jirtle）和罗伯特·沃特兰（Robert Waterland）给怀孕的刺鼠饲喂一种富含甲基供体的饲料。甲基供体这个名词来源于甲基的化学作用：甲基是 1 个碳原子附着在 3 个氢原子上的化学基团。有些食物含有甲基供体，这些食物中的这种原子组能够容易地从其他分子中分离出来，穿过生物的机体。这种碳原子与氢原子的组团与身体中的 DNA 结合，决定着基因的活性。洋葱、甜菜和豆浆都富含甲基供体，建议孕妇作为补充叶酸的食物。

怀孕的刺鼠为黄色皮毛，生下的幼鼠为褐色皮毛。为什么呢？食物中的甲基进入了刺鼠胚胎的染色体，阻断了 agouti 基因的作用。agouti 基因被阻断后，毛囊会长出褐色皮毛。

这种甲基化作用一般不会遗传给下一代。在褐色刺鼠的配子——精子和卵子中，大多数的甲基已经被去掉了。甲基被去掉以后，还有一个恢复程序会再次对染色体进行梳理，寻找甲基进行清理。但经过两次清除后，仍有一些甲基会存留下来。因此，刺鼠怀孕期间的饲料能够影响所产幼崽的毛色——这种影响偶尔会遗传给下一代。

这是一项重要的发现，因为 agouti 基因不仅决定着刺鼠的毛色，还决定着刺鼠的健康状态。黄色刺鼠一般比较肥，与遗传相同的褐色刺鼠相比，黄色刺鼠比较能吃，容易患癌症和糖尿病。母刺鼠及其所产的黄色幼崽都是如此，黄色幼崽长大后所产的黄色幼崽似乎也会出现这种情况。健康欠佳的跨代表观遗传的更高的可能性非常值得研究，以便搞清楚表观遗传变化是否以同样的方式影响着人类的遗传。

表观遗传变化似乎真能影响人类的遗传。尽管要证明问题是由表观遗传变化引起的，而不是一种简单的遗传变异非常困难，但确有一些迹象表明表观遗传学可能会影响遗传。例如，2007 年，澳大利亚的研究人员迈甘·希钦（Megan Hitchins）利用表观遗传学发现了一种遗传的结肠直肠癌病例。患者的一个"DNA 错配修复基因"已经甲基化，不能发挥作用。这个基因的沉默说明父母的遗传出现了表观突变。2003 年，德国埃森的卡林比特（Karin Buiting）小组曾发现，沉默基因引起了普拉德－威利和安格尔曼症候群，普拉德－威利和安格尔曼症候群在他的祖父母一代已出现了甲基化。在此之前，耶拉普拉伽达·苏巴拉奥（Yel-lapragadaSubbarao）就对生命变化作过类似研究。

你可能从未听说过苏巴拉奥，这正是他所想要的结果。他于1895年出生在印度的安德拉邦，他的母亲为了让他上学，变卖了自己的珠宝首饰。苏巴拉奥后来成为了医生和医学研究人员，偿还了之前的债务。他找到了治疗热带口炎性腹泻的方法，这种疾病夺去了他的两个兄弟的生命，也差点使他丧生。

热带口炎性腹泻是由体内细菌失衡引起的。这种疾病在热带地区很常见。患者无法正常吸收营养，身体一直消瘦下去。治疗方法非常简单：施用四环素抗菌素、叶酸和维生素B12。苏巴拉奥最先发现了其中的两种药物：他对首次发现四环素广谱抗菌素做出过贡献，他首先分离出了叶酸。

苏巴拉奥在生物化学研究方面很有天赋。除了发现最有效的抗菌素之外，他还制造和试验了蝶啶胺，它是世界上第一种抗癌药物。他还发现了所有生物系统使用的燃料：腺嘌呤核苷三磷酸（ATP）。对大多数人而言，这足以让他获得诺贝尔奖的提名。但是，对于自己的医学发明所获得的奖励或者荣誉——或者金钱，苏巴拉奥丝毫不感兴趣。一个专利律师曾退回了苏巴拉奥的专利申请，认为他是个"贫穷的商人"。很明显，苏巴拉奥追求的是更高层次的东西。他在1948年去世后，他的同事宣布他最后说出的希望是："如果上帝再给我两年的时间，也许我们能找到治愈另一种疾病的方法。"他没有获得另外的两年时间，但他的工作给我们展示了治愈另一种疾病的方法。在数十年时间内，他对叶酸的分离将成为预防婴儿神经管缺陷的方法。

神经管要正确成形才能联通脊髓与大脑。神经管开始时只是一个凹槽，不断地变深，最后闭合。然而，如果缺乏叶酸，神经管就不能闭合，使神经裸露。这会导致各种情况，最常见的就是脊柱裂。神经管缺陷的最坏情况是无法正常形成大脑，造成新生儿无脑的糟糕情况。

事实表明，叶酸提供1个甲基——由1个碳原子与3个氢原子组成的单位，甲基与胎儿的 DNA 相结合以保证基因指令正确执行并完全闭合神经管。英国的"医学研究委员会维生素研究"项目提供了最具决定性的证据。尽管有人认为"医学研究委员会维生素研究"项目违反伦理规范，但是该项目获得了英国医学研究委员会的批准，该项目研究不同营养增补剂对于2 000名怀孕妇女的影响，这2 000名妇女生出神经管缺陷婴儿的风险较高。该项目始于1983年7月，到了1991年4月，如果继续进行下去，会被认为是违反伦理的。研究结果十分明显：不给更多的孕妇补充叶酸将是不道德的。叶酸可以防止70%～80%的神经管缺陷。

许多国家接受了这样的研究结果，并加入了这方面的研究。例如，美国、加拿大和阿曼规定，面粉和谷物应该添加叶酸，以保证怀孕的妇女体内具有足够的叶酸，明显降低出生的婴儿出现神经管缺陷的可能性。目前有60多个国家采取了这样的措施。可悲的是，最先进行这项研究的英国却没有采取这样的措施。因此，英国慈善团体和国民健康服务机构鼓励育龄妇女每天补充叶酸。怀孕的前4周是胚胎大脑和脊髓发育的关键时间；甚至在妇女察觉自己怀孕之前，体内缺乏叶酸已经造成了胎儿的神经管缺陷。

很难相信这样的灾难性缺陷是容易预防的。由此，我们可以看到，只关注基因组存在的客观局限性，也可以看到研究表观遗传学的至关重要性。这种革命性的观念转变之所以来得这么晚，其原因可以追溯到对法国人吉恩－巴普蒂斯特·拉马克（Jean-Baptiste Lamarck）的名誉的不公正的玷污。

查尔斯·达尔文将可怜的拉马克称为"值得称赞的自然主义者"；达尔文指出，"他做了基础的工作，他首次引起人们关注有机世界和无机世界所有变化的可能性，这种变化是自然规律的结果，而不是神奇的干涉的结果"。虽然他提出了值得尊敬的、合理的生物进化理论，但在他活着的时候，没人承认生物进化理论是一项有用的科学贡献。法国革命以后，拉马克工作的地方被改为了国家自然史博物馆，他被授予了最低的新的教授职位——蠕虫教授。他去世的时候已双目失明，一无所有，被葬在一个租来的石穴中，后来又被挖了出来，葬于巴黎的地下墓穴。没有人知道他的遗骨目前葬于何处。

拉马克与孟德尔一样，发现了两个遗传定律。一个是习得特质的遗传。例如，涉禽通过伸腿和展开脚趾可以增加获得事物的机会；这种习性终将导致涉禽长出长腿和蹼足，并遗传给后代。还有一个著名的例子：从前的长颈鹿的脖子并不长。长颈鹿要伸长脖子采食高处的树叶，就将长脖子的特性传给了后代，经过无数代的演变，所有长颈鹿都有了长脖子。相反的情况是，在进化中，不常使用的特性会慢慢消失。

这听起来有点荒谬，有点像吉卜林写的《原来如此》——美洲豹如何变得带有花纹……当人们无法解释为什么会有多样的生命时，这是一种合理的假设。实际上，部分人仇视拉马克的原因来自于他对上帝的描写："不是上帝发挥了应有的作用创造了自然界各种物种上的斑点。"从各方面来看，拉马克是一个称职的现代生物学家。

拉马克的第二个定律是：随着时间的推移，生物会变得越来越复杂。后来的研究者很不喜欢这种进化存在进展或者方向的思想。1844年，达尔文在写给植物学家约瑟夫·胡克的信中提到，"上帝不让我相信拉马克的'进展倾向'的荒唐说法"，当时的状态是一片混乱。进化的"进展"思想和后天特性遗传的观念在此后的100多年里一直受到嘲笑和辱骂，在大多数研究中心的情况也是如此。由此看来，在20世纪40年代的爱丁堡，康拉德·沃丁顿（Conrad Waddington）开展对鸵鸟的研究就显得相当勇敢了。

碰巧的是，我携带的许多基因来自于20世纪40年代的爱丁堡。我有一张祖父的照片，他穿着高原外套，苏格兰短裙刚盖到他黑色的膝盖，摆出吹奏风笛的姿势。他从哈莱姆黑人区到达爱丁堡后不久，就去照相馆拍了这张照片。他将照片作为明信片寄给了远在纽约的母亲，表示他平安到达了爱丁堡。

他来到爱丁堡大学研究医学（如果传闻属实的话，是为了逃离有孕妇的讨厌的环境）。当他在医疗系听课时，在不远处，正在形成表观遗传学的研究场所。

表观遗传学这个名字是遗传学教授沃丁顿（Waddington）提出的。沃丁顿的早期研究工作是探索胚胎构建身体的机理。研究的焦点是"原条"的发育过程，"原条"最后会形成神经管——我们已经讲过，神经管的正确形成在很大程度上取决于表观遗传过程。沃丁顿终于相信，寻找基因是非常简单的。他设想了"表观遗传景观"，也就是由山丘和山谷组成的全景。"表观遗传景观"会对基因指令施加作用，使它产生不同的结果，最终的结果取决于生物发育过程中具体地点的环境。

除了提出这种基因受环境影响的思想外，沃丁顿还有另一项重大的贡献。之所以说是一项重大的贡献，是因为这一发现——至少在一定程度上——恢复了人们长期以来怀疑的一个观念：动物在成活期间能够习得一些特性，这些特性可以遗传给他们的后代。他说，鸵鸟就是很好的例子。

当鸵鸟卧在地上时，它身体上有两个部位与地面紧密接触。鸵鸟的这两个部位会结茧——皮肤裸露、变硬，不长羽毛。我们可以进行可靠、合理的假设：硬茧是逐步出现的，鸵鸟与粗糙的地面每接触一次，结茧就增长一点。

然而，当小鸵鸟啄开蛋壳时，身上就有这种硬茧，硬茧在胚胎发育过程中形成。鸵鸟如何长出这样的与生俱来的裸露部位？沃丁顿不可能用鸵鸟来做实验，但他在果蝇身上发现了类似于拉马克提出的特性。他通过在果蝇蛹化期间改变环境的温度改变了果蝇翅膀上的纹理——即使此后不再进行这样的温度刺激，这种改变也能获得世代遗传。在适宜的环境下，刺激或者压力能改变果蝇的外观。拉马克也许选择了错误的例子来说明他的思想，但是，他的思想却并非完全错误。

人们也不是一下子就接受了沃丁顿的思想。数十年来，研究人员尝试证明这只是一种遗传变化——但这不是一般的遗传变化，沃丁顿在自己发表的论文《获得性遗传》中作了说明。

直到2003年，情况才有所改变。当时，位于密歇根州底特律的韦恩州立大学的表观遗传学家道格拉斯·鲁登（Douglas Ruden）领导的一个小组的研究表明，两种理论可以实现折中。他们的研究得出了一个观点："无斑纹的果蝇是后天特性的遗传，这无疑是拉马克的思想。"鲁登的研究小组对上述极端的说法做了补充："重要的是，这些特征依然是根据生物的需求随机产生的，符合达尔文进化论的思想。"

要理解这种随机情况是如何产生的，我们需要仔细研究 DNA 团块和细胞核周围的蛋白质，生物学家称其为染色质。

DNA 的单根螺旋线的长度为 1.5~8 厘米，要将它包裹在细胞核内，需要进行仔细的"包装"。这项工作是由称为组蛋白的蛋白质完成的，组蛋白将 DNA 缠绕在自己的周围。每个组蛋白将 DNA 螺旋线在自己身上缠绕几圈后，再将 DNA 螺旋线传递给下一个组蛋白。DNA 螺旋线缠绕完毕以后，组蛋白相互连接在一起，构成螺旋形。组蛋白的蛋白质充满了其他分子的连接部位。甲基化只是一种可能的连接方式。除了组蛋白之外，还有磷酸基、乙酰基、其他蛋白质，它们能产生 50 多种不同的组合，这些组合能改变基因的表达——关闭或者打开基因，放大或者抑制基因指令。

组蛋白的最终形状以及与其结合的表观遗传改良分子将影响哪个基因能够进入细胞的其余分子。由于组蛋白的形状以及改良分子的存在，为了读取和执行基因指令而与 DNA 结合的酶只能找到非常有限的进入细胞的通道。如果生物学是一个饭店，DNA 就是菜单，甲基、组蛋白以及结合分子就是点菜的食客，它们将决定要炒什么菜（利用酶）。

我们继续做这样的类比，还有很多因素决定着哪些食客会来饭店用餐。我们已经知道的一个因素是食谱。叶酸是决定性的，但还有一些其他的甲基来源，例如，如果食用的豆类比较多，体内会存在大量的甲基。还有一个因素是温度：我们知道，寒冷的温度会引起表观遗传改变，使果蝇的颜色变深。现代生活会对人产生一些不利的影响——现代表观遗传研究表明，现代生活的危害（污染和压力）比我们想象的要大很多。

哈佛大学公共卫生学院的安德烈娅·巴卡雷利（Andrea Bacarelli）希望找到一个地方，该地的污染已改变了当地的表观遗传，他觉得波士顿的污染还远远不够。他去了泰国，专门去了位于罗勇府的麦普塔普特工业区，那里有很多钢铁厂、石油精炼厂和石化加工厂。巴卡雷利的小组对67名工厂工人和65名当地居民的血液进行了分析，并与居住在远离化学工厂和工业工厂的偏远地区的居民的血液进行了对比。对比结果非常清楚——居住和工作在工业区附近的人的DNA出现了更多的甲基化。巴卡雷利随后又对炼钢工人作了研究，研究表明，大气污染（特别是微小颗粒）引起的DNA甲基化会改变血液的凝结方式。南加利福尼亚大学的弗兰克·吉利兰（Frank Gilliland）小组的研究表明，空气污染似乎会导致负责产生一氧化氮基因的甲基化，这是引起孩子气喘的原因。

2011年，位于加利福尼亚州拉乔拉的索尔克研究所获得了一项研究成果。研究表明，甲基能对生物的数千个基因产生影响。它所引起的表观遗传影响是自发突变的几十万倍，而纯粹的达尔文进化论认为生物的变异仅来源于自发突变。达尔文认为突变是随机发生的，我们现在知道，这是表观遗传改变：它们发生在基因组的热点部位，热点是引起生物蛋白质生产发生重大变化的位置。另外，这种改变会获得遗传。

索尔克的研究表明，表观遗传突变至少能延续30代。日本的一项研究表明，化学物品或者环境影响能引起DNA在染色体内展开，这一

66

结果使我们感到担忧。基因展开以后，附近的分子可使该基因活化（或者沉默），展开的 DNA 可以遗传给下一代。如果这些染色体恰巧位于卵子或者精子中，那么巨大的、潜在的、有危害性的变异就可能遗传给后代。一代人遭受痛苦，以后的逐代都将遭受痛苦。

2013 年 1 月出版的一项研究结果证明了这种预测。来自剑桥大学的一组研究人员的研究表明，虽然常规的生物学思想认为，精子和卵子剥离了所有的表观遗传信息，例如甲基，但是，在剥离过程中仍有大约 1% 的表观遗传改变保留了下来。这一点很有意义。尽管对"荷兰饥饿的冬天"的长期影响的研究结果尚不明确，但是，对瑞典北部不毛之地的研究却得出了毫不模糊的、令人关注的结果。

在北极圈之内，人们的生活非常艰辛。有时，瑞典最北端的乡镇诺贝顿会被大雪围困，人们命悬一线。每当农作物歉收——19 世纪出现过多次——就会出现普遍的饥荒。但是，也有丰收的年份。我们之所以知道这些，是因为瑞典人保存着那里的关于农业收成的详细档案。他们保存着非常详细的出生、疾病和死亡档案——包括死亡的详细原因。斯德哥尔摩卡罗林斯卡研究所的健康科学家拉尔斯·奥洛夫·比格伦（Lars OlovBygren）将这些信息进行汇总，得出了营养和营养不良的长期影响曲线图。

比格伦研究的起点是 99 个出生于 1905 年的人。他追溯研究了他们的父母和祖父母，记录了在丰年和荒年他们所能得到的食物的量。根据当时的社会经济因素，处于青春期的瑞典男孩在食物充足的年份会饮食过度，这将使他们的孙子的预期寿命缩短到 32 岁。他们贪食的惩罚，将由他们的孩子的孩子来承受。

起初，比格伦的研究结果被认为是荒谬的。这样的结果确实有点荒谬，但其他的研究也证明了这一点。例如，男孩在 11 岁时，他们的身体开始制造精子，如果一组男孩在 11 岁之前开始抽烟，另一组男孩在 11 岁之后开始吸烟，将他们的儿子在 9 岁时的体重进行比较，前者儿子的体重会重于后者儿子的体重。出现这种情况的唯一原因是，吸烟对他们的精子产生了某种表观遗传影响。

我们现在已偏离了纯粹的遗传学。然而有趣的是，我们更接近了达尔文对他的工作的初始看法。

尽管我的祖父是第一个穿起苏格兰高地人衣着的黑人，但他肯定不是第一个走上爱丁堡街道的黑人。在奴隶制时期，常常能看到获得自由的黑人奴隶生活在英国的城市里。爱丁堡有更多的获得自由的黑人奴隶——西印度群岛的许多种植园主都是苏格兰人，他们回家时常常带走自己喜欢的仆人。在我的祖父到达爱丁堡之前近 100 年的时候，17 岁的查尔斯·达尔文来到了爱丁堡，花了很多个晚上，跟着一个名叫约翰·埃德蒙斯通（John Edmonstone）的黑人学习如何用材料填充制作鸟类标本。

埃德蒙斯通是一个获得自由的圭亚那奴隶，他在大学博物馆工作，教授如何制作动物标本，一个学期能挣 1 个畿尼。达尔文在爱丁堡学习医学，但他没有学医的天赋。他不喜欢听课，他喜欢动手实践。年轻的达尔文对制作动物标本具有浓厚兴趣，对埃德蒙斯通的陪伴也感到开心。他高兴地付给埃德蒙斯通 1 小时 1 个畿尼，每个周末上课 1 小时，持续了两月。他们变得"亲密无间"，达尔文后来写道，"埃德蒙斯通是个有趣、聪明的人"。

据历史学家阿德里安·德蒙（Adrian Desmond）和詹姆斯·穆尔（James Moore）讲，这件事以及后来的一系列事情使达尔文产生了自然选择的进化思想。近年来，新发现的达尔文的信件表明，达尔文写作《物种起源》的初衷是消灭对奴隶制度和压迫的所有支持。

达尔文在乘坐"贝格尔号"进行的五年旅行期间，亲眼目睹了奴隶贸易的现实情况。1831 年圣诞节刚过，"贝格尔号"从普利茅斯启航。英国在 1807 年已取缔了奴隶贸易，此次航行的一个任务是在美国南海岸巡逻，寻找奴隶贩子。海上有很多这种帆船：达尔文无意中发现，许多船上都有手铐、脚镣和烙铁，准备前往西非。他在 1845 出版的日记记录了他所遇到的"令人难受的暴行"。当达尔文看到一个 6 岁的小奴隶"因为给了我一杯不干净的水"而被鞭打，他无法忍受了，上前进行了干预。然而，大多数时间里，他感到无能为力。他去一个人家做客时，看到一个奴隶被频繁殴打。他说，"这足以打碎最低等动物的心灵"。达尔文记录了另外一个情景："当他在巴西路过一个屋子时，听到了最凄惨的哀叫，不禁怀疑有一些穷苦的奴隶正在忍受折磨。但我知道，我就像一个孩子那样无能为力，甚至不能进行抗议。"

达尔文研究动物和人类起源的目的在于揭示人与动物的共同性，动物与人类为兄弟关系。他试图证明，我们在自然界看到的各种生物都有一个共同的起源，人类也不例外。德蒙写道，"达尔文的笔记本表明，他的思想从种族的亲属关系和兄弟关系发展到了团结所有的物种"。1838 年 5 月，达尔文写道，"我不由得想用好的类比来描述现在生活着的人与动物之间的关系"。达尔文在笔记本中责骂了奴隶贩子，"把自己的黑人同类变成奴隶，他贬低了自己的天性，违反了最本能的情感"。

达尔文的这种想法不受欢迎。在达尔文活动的基督教圈子内，人们都不接受突变的思想。上帝不会创造出各种不同的、漂亮的物种让他们自己改变，不会创造出丑陋的蠕虫让他设法变成美丽的孔雀。得益于奴隶制度的团体也憎恨达尔文的思想。对黑人的非人化可以使他们像对待私有财物一样处置奴隶，使奴隶卖力地工作然后丢掉。认为他们和黑人拥有相同的血统的观念很难维持。德蒙和穆尔在他们非常著名的著作《达尔文的神圣事业》中指出，达尔文在科学领域里努力奋斗，仔细搜寻证据，表明欧洲和非洲的男人和女人拥有共同的祖先，毁掉了奴隶制度的论据——认为奴隶是一种"天生的"状态。《物种起源》在 1859 年出版。美国在 1865 年废除了奴隶制度。尽管达尔文进行了努力，但是久泽和斯威特的表观遗传研究认为遗传依然存在。

美裔非洲人的孩子出生时的体重明显低于欧洲美国人的孩子。这不是因为贫穷；低收入白人妇女所生的孩子的平均体重比相同收入黑人妇女所生的孩子重200克。即使黑人妇女受过较好的教育、很少抽烟、体重较高、居住在好房子里、具有健康的心理状态，他们所生的孩子依然体重较轻。这是母亲方面存在的问题：在混合婚姻所生的孩子中，黑人父亲所生的孩子要比黑人母亲所生的孩子体重高一些。

这种情况是在奴隶制度之后不久出现的。约翰·霍普金斯医院对1897年到1935年的数据调查表明，黑人母亲所生的婴儿比白人母亲所生的婴儿轻7%。至1988年，这种差异几乎没有改变，为8.6%。对于黑人妇女而言，增加初生儿的体重，不在于脱离贫穷。美国公共卫生杂志2006年刊登的一项跨代出生体重研究表明，随着家庭收入的增加，白人妇女很少生出体重较小的婴儿。对于黑人妇女，增加家庭收入不会产生明显的差异。

研究人员对这种顽固的差异已观察了数十年，也设想了各种可能的影响因素。目前仍然无法解释产生这种差异的原因。1967年，美国对18 000名婴儿进行了研究，得出的结论是，"种族是影响出生体重的真正的生物学变量。种族的影响可能是由基因引起的"。

这个假设是错误的：差异不是由基因引起的。我们之所以这么说，是因为：在1997年，两个芝加哥医生对美国出生的白人妇女、非洲出生的黑人妇女，和美裔非洲人妇女所生的90 000多名婴儿的出生体重作了比较。美裔非洲人与非洲出生的人的基因有四分之三是相同的。另外的四分之一的基因来自欧洲人。尽管如此，欧洲白人妇女和非洲出生的黑人妇女所生婴儿的出生体重基本一致，而美裔非洲人妇女是西非奴隶的后代，她们所生的婴儿的出生体重要比非洲出生的黑人妇女所生的婴儿的出生体重轻将近250克。这如果不是由基因引起的，就是由长期的环境影响引起的。久泽和斯威特主张，我们必须停止对遗传学的迷恋，我们应该开始注意"在生命周期的早期所经历的生活环境对生物学特性和健康情况的更加持久的作用"。

如果我们开始关注表观遗传学，对于那些被压迫的人、穷苦的人、生活在污染环境中的人、饮食对孩子有不利影响的人，我们就能降低表观遗传的世代遗传的影响。有了这样的理解，我们就能中断那些损害生命数十年——有时会是数个世纪——的周期。表观遗传学有可能是完成达尔文的事业的方向，它将创造一个更好的、更加公平的世界。

我们具有提出后见之明的便利条件，很明显的是：饮食和环境因素会对我们身体内复杂的分子机理产生强大的影响，从而对我们的健康状况产生根本的影响。我们的下一个主题也存在同样的情况：性别在医疗中的作用。男人和女人虽然并非来自不同的星球，但他们确实存在巨大的差异。

5 男女有别

男人和女人的患病方式有很大不同

男人来自地球，女人也来自地球。我们要面对这
样的男人和女人。

——乔治·卡林（George Carlin）

1989 年，世界卫生组织（WHO）建议，在麻疹导致的死亡率最高
的一些国家使用高剂量的麻疹疫苗，也就是通常所说的高滴度麻疹疫
苗。在当时看来，这似乎是一个好主意。

疫苗在历史上的表现非常成功，曾拯救过无数人的生命。通过各种
途径，我们对接种疫苗已非常熟悉了：接种疫苗就是利用减弱病毒或者
部分病毒培养人体抵抗完全感染的能力，这是一个简单而卓越的创新，
它极大地改变了人类的生活体验，使人类生活得更好。但是，我们通常
会理所当然地认为，接种疫苗只有好处。在西方，几乎没有人愿意回忆
那样一种情景：疾病会在 10 岁之前夺去他们至少一个孩子或者一个兄
弟姐妹的生命。

即便如此，疫苗依然有些令人疑惑。例如，疫苗的剂量、接种的时
间，并不总是那么容易正确确定。

在试验中，将麻疹疫苗的病毒颗粒从 10 000 增加到 40 000，产生麻
疹免疫儿童的百分比将从 73% 增加到 100%。因此，世界卫生组织

（WHO）在 1989 年提出建议，在麻疹疫情严重的国家，疫苗接种使用 100 000 病毒颗粒的剂量。

在疫苗接种之后的数周到数月内，一切似乎都很正常。但随着时间的延长，来自海地、塞内加尔、冈比亚和几内亚比绍的报告显示：疫苗接种出现了严重的问题。

在接种大剂量麻疹疫苗的孩子中，女孩的死亡率比男孩高33%。这些孩子并非由于疫苗直接导致了死亡，他们死于发展中国家儿童易感染的常见病，如腹泻、败血症和传染病。问题是，女孩的死亡率偏高，这就非常值得研究了。1991 年 2 月，一个国际专家小组被召集到世界卫生组织（WHO）位于日内瓦的总部参加会议，在会上向专家们展示了调查结果。专家们认为，将这种结果归因于疫苗的想法是难以令人置信的。然而，世界卫生组织（WHO）在 1992 年取消了建议，收回了高滴度麻疹疫苗。

没有人指责参与其中的研究人员对短时间内造成的损失的专横和漠不关心：尼尔·哈尔西（Neal Halsey）对他自己参与此事的解释说明充满了悔恨。哈尔西是约翰·霍普金斯·彭博公共卫生学校疫苗安全性协会的主任，他是一位深受尊敬的医学研究者，一直致力于提高疫苗的安全性。他说道，"回头来看，我和其他研究者过于轻率地相信了高滴度疫苗的安全性"。他的回顾文章刊登在 1993 年的《儿童传染病杂志》上，文章非常感人："他和其他人努力将疫苗产生的损害降低到最低程度。他们无法将疫苗从孩子们的身体中取出，但是，他们保证能给予遭受风险的女孩额外的食物和方便的医疗。"

他说，在当时，他和他的同事无法怀疑：这种用减弱的麻疹病毒制成的疫苗会对男孩起到好的作用而对女孩造成伤害。20 多年以后的今天，我们对基于性别的药物的认识依然非常肤浅。

从表面现象来看，关于性别药物的想法似乎是显而易见的。我们都知道，男人和女人是不同的——这是我们在童年时就明白的事情。男人和女人有着明显的外观差异，也有着清晰的内部差异。例如，女人有子宫颈，容易罹患宫颈癌。男人有前列腺，容易罹患前列腺癌。人们不会感到惊奇的是，几乎所有的乳腺癌都发生在女人身上；女人拥有补充乳房组织的专门细胞。不过，还有一些真正令人惊奇的事情。

例如，女人和男人都有心脏，但他们罹患心脏病的方式完全不同。男人和女人也都有肝脏，但夏科氏肝硬变主要出现在女人身上。同样的情况还有，女人发生丙型肝炎和结肠癌的方式也与男人不同。还可以举出很多男人与女人不同的例子，然而，暂且不论男人和女人的明显的生理学差异，医学是将男人和女人当做本质上相同的生物体来对待的。随着性别医学的逐步显现，以前那种陈旧的思考方式开始被人们抛弃。2010年，《自然》杂志的社论指出，医学终于"开始考虑性别了"。

实现这一点，已花费了漫长的时间。讨论健康性别差异的最早的一篇可信的文章发表于1959年。当时，德国乌兹堡大学的两名研究人员对近10 000名患者的病历作了分析，得出结论：男人对疾病的抵抗力相对较低。他们注意到，患一种疾病的人有90%都具有相同的性别。《新科学家》（当年创刊的）对这篇文章的报道指出，考虑疾病流行中的性别差异有可能为治疗提供新的线索。

然而，人们很快忘记了德国研究者在这方面的贡献。关于这一主题的大多数历史报告都起始于美国约翰·霍普金斯医科大学的托马斯·沃什伯恩（Thomas Washburn）和同事在1965年的发现。他们调查了1930年以来的病历记录，发现"所有数据表明，男性所占的比例更大"。他们得出结论：男性身体更容易患病。

他们的研究的优点在于它涵盖了开始使用抗生素的时代。药物能够杀死细菌降低传染病的总死亡率，但它也表现出了性别比率的不同：能够抵抗第一批抗生素的革兰氏阴性细菌更容易使男人受到感染。

美国人的研究与德国人不同，他们找出了可能的原因。沃什伯恩的结论是：具有两个X染色体对抵抗病毒感染有好处。X染色体能使身体产生免疫球蛋白或者抗体，抵抗疾病。约翰·霍普金斯医科大学的研究人员经过分析认为，两个稍有不同的 X 染色体可以生成两个稍有不同的免疫球蛋白，或者简单地生成更多的免疫球蛋白，使女人的身体拥有更强大、更多的武器与病毒感染作斗争。可怜的男人们只有一个 X 染色体（一个 Y 染色体），就处于了不利的地位。

很明显，他们开启了这方面的研究，因为，在此后的几年里，出现了大量研究免疫的性别差异的论文。两年以后，一个研究小组报道说，女人确实有更多的免疫球蛋白 M，它是脾脏产生的一种抗体，在循环系统中梭巡，寻找外来生物，将其消灭。又过了两年，来自伦敦皇家自由医院的一组研究人员得出了更进一步的结论：他们发现，平均千人（女人）中总有一人拥有三个 X 染色体，她的抵抗能力更好。出现这种情况是由于受孕后期的遗传过程出现了稍微的偏差，与只有两个 X 染色体的女人相比，这些女人拥有更多的免疫球蛋白 M。众所周知，三个 X 染色体综合征人会出现很多困难，许多人小时候会出现学习困难，但他们的免疫系统确实比较强大。

约翰·霍普金斯医科大学的研究指出，疾病的性别差异"更多地表现在幼年"。简单地说，去医院看病的患者中，年龄越小，男性所占比例越大。这是因为，年轻时，免疫系统还在学习如何抵抗疾病，而女孩显然已首先拥有了某种东西。

那么，女孩具有医学优势，这种说法就很有诱惑力了。但是，这种情况只在年幼时正确；女孩的这种优势并不能保持到最后。比如，20 世纪 90 年代，研究发现，女人在 55 岁或者 55 岁以下心脏病发作时的死亡率是同年龄男人的两倍。

如果让人——男人或女人——假装心脏病发作，他们大多都会紧捂胸口、呼吸急促，倒在地板上，然而，女人心肌梗死的感觉并不都是这样的。女人会紧捂肚子，感觉恶心。下腹疼痛和恶心是女人心脏病发作的共同症状，有时还伴有颌部、颈部或者背部疼痛。值得注意的是，很少有医生注意到了这点——如果女人诉说出现上述症状，医生几乎不会让她去做心电图或者血管造影。如果男人诉说胸部疼痛，医生会让他去做心电图或者血管造影——这就是其中的原因。即使对女人做了正确的检测，有些检测工具也不太容易发现女人的冠状动脉病变。

女人超过56岁，很容易死于冠心病。与相同年龄的男人相比，女人心脏病发作入院治疗时的死亡概率更高。心脏病发作6个月之后，女人的存活率比同年龄的男人更低。为什么呢？这主要是因为我们采用了针对男性心脏病的、不对女人症状的病理分析和治疗措施。

尽管女性数量占总人口的比例超过50%，且比男性更容易死于心血管疾病，但是，参加心脏血管药物试验的人却是以男性为主。例如，在2004年，男女的比例为3∶1。乔凡娜拉·巴乔（Giovannella Baggio）指出，预防和治疗心脏血管疾病的临床试验专门在男性中或者在女性数量较少的人群中进行。另外，与男性相比，女性很少进行心脏监护、测量酶素、住冠心病监护病房、进行冠状血管造影和血管再形成。

巴乔整理了一份令人恐惧的疾病目录，这些疾病对于女性很危险，因为很少有人关注在用药方面的性别差异。在我们详细解释为什么男人和女人患病如此不同之前，先说明这种令人吃惊的差异是有意义的。我们的无知从何而来？来自药物的黄金标准——临床试验。

1993年，美国国立卫生研究院承认自己存在药物问题。它承认，它通常不征募女性和少数民族人员参加药物试验；大多数研究报告的都是药物对白种人的效果。从1994年起，国立卫生研究院改变了资助原则：所有临床研究必须包括女性和少数民族人员。然而，到了2010年，这方面的问题依然存在。在《自然》杂志的一篇花边短评中，来自美国西北大学的一个研究团队指出，女性"在生物医学研究中依然没有被充分代表"。在药物试验中，女性只占参试人数的四分之一。只有13%的研究项目在进行结果分析时考虑了性别因素。在心血管药物试验中，女性所占的比例依然达不到总人口中患心血管疾病的女性的比例。

因为新药的临床试验中，女性代表的比例严重偏低，女性对获得许可的药物的不良反应很可能高于男性；在 10 个有不良反应的人中，有 6 个或将是女性。只有当药物获得处方和销售批准时，针对女性的临床试验才真正开始。因此，对女性的卫生保健一直不足："目前，用于女性的药物与用于男性的药物相比，缺少明显的证据"，《自然》是这么说的。埃里卡·切克·海登（Erika Check Hayden）更简洁地写道："慢性疼痛的典型患者是 55 岁左右的女性——而典型慢性疼痛研究的受试对象是一只 8 周大的雄性白鼠。"当我们考虑朱迪斯·瓦尔克（Judith Walker）的疼痛缓解实验时，这是一个有趣的观察结果。

我相信瓦尔克是一个可爱的女人，如果有充分的理由，她显然不会反对遭受一点疼痛。比如，在 1998 年，她使用电击发现了关于布洛芬的一些令人震惊的东西。

她和她的同事约翰·卡莫迪（John Carmody）征募了 20 名志愿者，测试他们的痛觉阈，将电极连接在志愿者的耳垂上，然后接通电源。通过增加电源功率，询问志愿者的疼痛程度，他们得出结论：所有志愿者——包括男性和女性——在感觉疼痛方面没有明显差异。此后，瓦尔克给一些志愿者服用安慰剂，而其余的志愿者服用布洛芬，然后再次接通电源。

这次的情况有所不同。在调节安慰剂的效果之后，瓦尔克和卡莫迪发现，布洛芬能够降低男性志愿者的疼痛感，而对于女性志愿者无效。他们指出，"这是一个悖论，因为用非甾体抗炎药能缓解许多疼痛（例如，类风湿性关节炎），更多地发生在女性身上"。

研究还在继续进行。虽然瓦尔克和卡莫迪都已退休，但卡莫迪在继续进行研究，他试图搞清楚这种现象的原因。1998 年以来，我们对安慰剂效应的了解已深入了很多，他思考也许是安慰剂在某种程度上歪曲了实验结果。尤其是，我们知道，缓解疼痛的期望能够起到辅助止痛效果，所以卡莫迪进行了一项研究以说明这一现象。2012 年，他将研究结果发表在《欧洲疼痛杂志》上。他们的研究结果表明，安慰剂效应确实存在一些影响，但只限于男性。参与研究的一些男性发现，安慰剂药丸能使他们明显地减缓疼痛——与布洛芬的作用一样。对于女性，情况有所不同。卡莫迪指出，"我们的研究发现，800毫克剂量的布洛芬不能使女性生产止痛效果，不管她们的期望如何"。

有人说，这一发现使许多研究人员感到意外。在一次更大范围的试验中，400微克的布洛芬对男性和女性都有止疼效果。这可能是因为疼痛的种类不同。这些研究是针对术后的疼痛减缓，用于缓解牙科、整形、腹部和妇科外科手术的术后疼痛。电击产生的疼痛也许会出现不同。然而，就疼痛而言，不仅只有布洛芬能表现出性别差异。

例如，麻醉学者开始承认，常用麻醉剂影响男性和女性也会出现不同，男性和女性对于不同的化学制品具有不同的反应。我们应该同情那些在拔除智齿后参与药物试验的可怜的男人，他们吃了一种称为k–阿片肽的止痛药后依然会遭受疼痛的折磨，而女性会觉得k–阿片肽相当有效。

疼痛报告的性别差异是惊人的。当疼痛状态相同时，女性报告的疼痛程度比男性更高——不管是腹内疼痛还是软组织损伤。有了这样的发现，人们也许会对女性的一些做法不再感到惊奇：如果能方便地得到镇痛药，女性比男性会使用更多的镇痛药（即便考虑体重的影响，也会是男性的2.4倍）。当要求报告引起疼痛的最低刺激时，女性的痛觉阈比男人的更低，女性的疼痛耐受度——忍受疼痛刺激的时间的长短——也更低。这一结果不同于人们的通常的误解：一项调查表明，66%的女性认为，女性比男性更能忍受疼痛。

这不仅是供人消遣的报告：它反映了一种真实的差异，因为女性在医院里往往得不到充分的疼痛缓解。在一项题目为"喊疼的女孩：在处理疼痛时对女性的偏见"的经典研究中，研究人员发现，人体系统在遇到疼痛时，对于女性存在不利因素。论文作者黛安娜·霍夫曼（Diane Hoffmann）和阿妮塔·塔兹安（Anita Tarzian）进行了广泛的文献调查。他们发现，考虑到病人的体重，护士会给女性较少的止疼药，医生的处方也会开较少的药。与男性患者相比，出现慢性疼痛的女性患者更易被诊断为过度的情感展示。因此，女性自诉存在疼痛时，医生很可能只给她们使用镇静剂，而同样的情况会对男性使用止疼药。

真实的情况是，性别之间的生理差异表明，女性出现疼痛时的感受会更加明显，这一发现使一些研究人员开始思考：为什么报告疼痛时性别之间的差异不大呢？达尔豪斯大学的阿妮塔·昂鲁（Anita Unruh）指出，"问题从'为什么女性与男性的疼痛体验存在不同？'变为'为什么女性的疼痛生理机理差异很大而实际的疼痛体验差异很小？'"。

文化因素无助于缓解疼痛。例如，护士期望看到这样的情景：承受中度到重度疼痛的患者会有更明显的生命体征，或者他们的不适会写在脸上。霍夫曼和塔兹安提出了这样的观点：社会教育教导女性要始终保持魅力，这种因素或许在这里发挥了作用。她们得出结论，"药物的关注重点在于客观因素，对于女性的文化陈规也潜在地发挥了作用，这就使女性不能得到充分的疼痛缓解治疗，继续遭受痛苦"。

但是，疼痛是一种不确定的感觉。它是主观的，男性和女性对待疼痛的方式也不同。脑同位素扫描已经表明，承受相同疼痛的男性和女性具有不同的大脑血流模式。对于女性，更多的血液流向与注意力和情绪有关的大脑部位：对疼痛的感觉似乎与注意力有关。男性有其特有的反应：如果屋里有一位魅力四射的女性，男性会显示出更高的痛觉阈，会报告较低的疼痛感。在帅气男性的面前，女性没有这样的反应。但事实是，我们的实验室研究表明，缓解疼痛存在性别差异。在神经科学实验中使用的公畜数量是母畜的 5 倍。关于雌性动物不适于进行医学试验的传闻可以追溯到 1923 年，当时，G. H. 王观察了雌性小白鼠的活动水平，同时进行阴道涂片测试，观察结果表明雌性小白鼠在发情期会在特定的位置更多地来回运动。

我们知道，卵巢分泌的激素可以改变女性不舒服时的症状。例如，对于月经期的女性患者，麻醉师必须调整用药配比。但是，一些研究表明，激素变化对实验结果的真实影响并不像每个了解 G. H. 王的涂色检查的人所设想的那么明显。更确切地讲，女性——不管她的荷尔蒙状态如何，不管她是否怀孕——需要能够起作用的药物来缓解疼痛。目前，她们使用的药物的化学成分并未在女性身上进行有效的试验。

在这里，需要记住的是，男性也有弱点。例如，男性不容易患骨质疏松症，在这方面，男性不会得到医疗系统的关注。巴乔说，"患有骨质疏松症的男性接受治疗的比例不到1%"。人们认为，骨质疏松症主要是女性的疾病，即使发现男性有骨质疏松症——比如髋部骨折——依然不会引起太大关注。髋部骨折后入院治疗的男性患者中，有10%的患者会死亡，这一数据是女性患者的两倍。一年以后，男性患者的死亡率在30%~48%之间，而女性患者的死亡率只有18%~25%。

一个解决办法是，服用对男人有效的防骨折化学药品。但是，许多骨质疏松症药物只对女性进行了试验，例如，防止髋部骨折的双磷酸盐类药物。据临床试验的科学文献记载，这类药物可使骨折风险降低32%。这对男性来说似乎是个好消息。然而，事实是，双磷酸盐药物的试验通常是在65~80岁的女性身上进行的，这类药物对男性的真正作用尚不清楚。

这些药物尚未进行严格的大规模的研究。不进行新的具有针对性的研究，要得到确定的事实是不可能的，而为特定目的设计的具有针对性的研究是非常昂贵且耗时的。

尽管男性和女性罹患冠状动脉疾病、癌症和肝脏疾病的概率有很大的不同，但在医学方面最复杂、最令人心碎的性别差异是那些影响幼小生命的性别差异。一般情况下，女性对于传染物具有更强的免疫反应，抗感染能力更强。确实，一些致死疾病对男性和女性的影响区别不大，但确有一些其他疾病存在较大差别。例如败血症，男孩的死亡率远高于女孩。主要的先天缺陷的发生率，男孩为3.9%，女孩只有2.8%。主要的先天缺陷有9种，女孩出现神经系统缺陷的概率较高。男孩患传染病的概率较高，传染病会侵蚀男孩的免疫系统。

对于大多数非传染病，例如哮喘和其他一些自动免疫疾病，女孩患病较多，也更严重。没有人真正知道其中的原因。因此我们必须研制性别药物。事实上，我们已经有了一些线索；我们对免疫系统的工作原理的理解似乎是错误的。为了进行这方面的探索，我们必须回到 1976 年，当时丹麦的一位年轻的人类学家试图进入西非的一个小国——几内亚比绍。

1976 年，几内亚比绍刚脱离葡萄牙的统治宣布独立。这一胜利是经过 16 年的艰苦战斗得来的——战斗的一方拥有携带凝固汽油弹的战斗机，而另一方是一个被压迫的、贫穷的国家的坚强意志。难怪胜利的几内亚人对于让皮特·奥比（Peter Aaby）进入他们的刚获得的土地有些犹豫不决，他们怀疑皮特·奥比有可能是西方的间谍。

奥比计划对几内亚比绍的部落进行为期 6 周的研究，以找到到底是什么激励着他们与葡萄牙人进行战斗。一些部落已经获得了殖民统治下的特权，其他部落只是从属的劳动者。革命的领导者阿米尔卡·卡布拉尔（Amilcar Cabral）将他们联合了起来。奥比认为，各部落的动机应该是一个非常吸引人研究的主题。

这个研究主题实现不了，奥比没有得到在几内亚比绍进行人类学实践的许可。他通过自己发现的一条路线进入了几内亚比绍。他的身份是一名普通的医学研究者，与一家瑞典的慈善团体一起工作，借此观察小孩的死亡率。奥比的团队被指派负责搞清楚几内亚比绍非常高的死亡率的原因。在当时，两个小孩中有一个小孩会在 6 岁之前死亡。当时，人们将其归咎于营养不良，研究人员希望搞清楚营养不良的问题到底有多严重。

奥比设置了一条标准，并一直坚持这一标准，他将自己学习的知识用在这一研究上。他的团队研究了 1 200 名 6 岁以下的儿童，结果发现，只有 2 名儿童营养不良——他们在死亡线上挣扎只是因为他们的母亲已经死了。研究人员发现，几内亚比绍食物丰富，所缺少的是房子。

当时，一座房子的平均居住情况是3个家庭和他们的18个孩子。任何进入房子的疾病都会在居住者中迅速传播。1979年，麻疹流行期间，平均5个被感染的孩子中有超过1个孩子会死亡——死亡率很高。

研究人员发现，感染方式很简单。第一个感染的孩子，也就是将病毒带入房子的孩子，通常会活下来。其他孩子的病情会比较严重。感染的急速蔓延扩展使他们感到吃惊，个体之间的相互感染对每个人的免疫系统都产生了巨大的负担。营养不良与是否死于麻疹之间没有联系，似乎，死亡只与感染的强度有关。

奥比查阅科学文献、归档记录，发现1885年英国桑德兰爆发的麻疹数据存在同样的现象。发生在丹麦和德国的流行病也有相同的细节情况。现在可以相信，在流行病肆虐的过程中，住房和拥挤是关键因素。

奥比在几内亚比绍的医学研究持续了将近40年。现在，尽管他的重点有了一些转移，但他依然对传染病及其引起的灾难感兴趣。现在，他更加注重于搞清楚：为什么在几内亚比绍和许多其他的发展中国家，女孩的死亡数量不成比例？

几内亚比绍和平的时间相对较短。它只是在独立后才经历了20年左右的和平。1998年以后，又发生了多次国内战争、军事政变和暴动。总统在街道上被枪杀，许多古建筑被摧毁。正是在战争期间，奥比注意到了一些奇怪的事情。

由于冲突的原因，在2001年和2002年的几个月里，几内亚比绍的保健站没有百白破疫苗。百白破疫苗能够对百日咳、白喉和破伤风提供有效的预防。事实是，一些儿童由于没有接种疫苗而获益。

根据世界卫生组织（WHO）的建议，适龄儿童住院期间必须接种百白破疫苗，口服脊髓灰质疫苗（糖丸）。由于百白破疫苗已经用完，有些孩子只是口服了脊髓灰质炎疫苗（糖丸）。令人震惊的是，这些孩子的病死率——6岁之前死亡的数量——是接种了两种疫苗的孩子的三分之一。由此可以推断，接种百白破疫苗也许是有害的。这个问题或许比较复杂。

人们注意到，百白破疫苗本身没有问题。已经进行了20多年的研究表明，当接种了其他疫苗（例如，卡介疫苗或者麻疹疫苗）后再接种百白破疫苗，综合效果或许会致命。但只有女孩才会出现这种现象。

在接种疫苗成为惯例之前，西非的女孩和男孩夭折的比率大致相等。当接种了麻疹疫苗和与破伤风疫苗相互排斥的卡介疫苗后，女孩的夭折率超过了男孩。在百白破出现以后，情况又出现了一些新的改变。在最近接种百白破疫苗的儿童中，女孩会比男孩更快死亡。这似乎就是通常所说的非特定性效果。从本质上来讲，这不是接种疫苗的预期结果，疫苗非预期结果可能是好的，也可能是坏的。

我们对非特定性效果的存在并不感到惊奇。接种疫苗开始时有点鲁莽实验的味道。尽管人们通常认为爱德华·詹纳（Edward Jenner）是接种疫苗的创始人，但他并没有完成接种程序。1774年，在詹纳进行研究工作之前的20年，英国的一位农场主本杰明·杰斯蒂（Benjamin Jesty）给他的妻子和儿子接种了疫苗。杰斯蒂用一根缝衣针从牛痘脓疱中蘸取脓液，然后用针划破了妻儿的手臂。当地居民对这种动物与人的体液混合的做法感到愤怒：每当杰斯蒂出现在附近的市场上时，人们就斥责他、辱骂他、向他投掷石块，有些人甚至害怕他的家人长出牛角来。尽管杰斯蒂的家人反复接触天花病人，但他们一直没有感染天花。

詹纳的工作也有值得怀疑的地方。他的第一次冒险是给一位8岁的男孩接种疫苗。1796年5月14日，他用一根刺血针从一位挤奶女工的牛痘疮上蘸取脓液，然后划伤了詹姆斯·菲普斯（James Phipps）的手臂。7月1日，他又在被吓得发抖的男孩的手臂上扎、划了几下，并抹上天花病人的体液。菲普斯未被感染——试验取得成功——詹纳写了一份报告，送到了英国皇家学会。

正如伦敦科学博物馆网站指出的那样：如果试验失败，"詹纳或许将保守秘密，詹姆斯·菲普斯将会被忘记，与许多其他医学试验的牺牲者一样"。具有讽刺意味的是，英国皇家学会并未表现出不安；他们拒绝发表詹纳的报告，因为他的试验缺乏足够的参试者，不能提供直接的证据。

后见之明是一种奇妙的东西，詹纳的工作现在看来是值得冒险的——对肺结核而言特别值得。结核菌素（TB）疫苗首次使用于1921年。6年以后，这种疫苗在瑞典北部地区的使用使卡尔·内斯隆德（Carl Näslund）兴奋地竖起了眉毛，他当时是瑞典肺结核协会主管疫苗接种的医师。内斯隆德比较了接种疫苗的儿童与没有接种疫苗的儿童的生存率——没有接种疫苗的儿童的死亡率为10%，而接种疫苗的儿童的死亡率刚超过3%。这并不能说明疫苗能够抵抗结核菌素（TB），因为死亡率减少的多为不足一岁的小孩，而结核菌素（TB）通常会使较大的儿童死亡。内斯隆德得出结论，预防接种的儿童的免疫系统得到改善，使他们能够抵抗更多的疾病和感染。他在1932年在巴黎巴斯德研究所发表的一篇论文中说，"人们总认为，接种疫苗的儿童的死亡率降低与卡介苗引起的非特异性免疫有关"。

此后，受控的试验已经证明，卡介疫苗除了能够抵抗结核菌素（TB）之外还有其他的作用。英国和美国的试验已经表明，卡介疫苗可使意外事故和结核菌素（TB）以外的原因引起的死亡率降低25%。

在发展中国家，卡介疫苗依然是世界卫生组织（WHO）建议的接种计划的内容，卡介疫苗的有利的非特定性效果是明显的。卡介疫苗可使新生儿的死亡率降低40%，它并不是使他们能够抵抗结核菌素（TB），而是使他们对其他的致命感染（细菌、病毒、寄生虫和真菌）具有更高的抵抗力。

在许多西方国家，通常不再注射卡介疫苗，因为在西方国家结核菌素（TB）已得到了控制，传染病也很少了，一般不会导致死亡。但这并不意味着西方国家的医生不再使用卡介疫苗。当初研制卡介疫苗是为了抵抗结核菌素（TB），但现在它被用作抗癌武器。研究表明，天花疫苗和卡介疫苗能降低淋巴瘤、白血病和哮喘的发病率。卡介疫苗已成为治疗膀胱癌的首选药，也用于治疗多发性硬化症和 1 型糖尿病。没有搞错，卡介疫苗的非特定性效果是真实的——具有实际价值。

但是，收之东隅，失之桑榆。卡介疫苗具有有力的辅助作用，而百白破疫苗会伤害女性的免疫系统。

人的免疫系统非常复杂，它可分为两部分。一部分是固有免疫系统，这一部分并不复杂，它不区分威胁，但反应很快：它会对任何陌生的或者意外的事情立即做出反应，例如，当细胞受损时释放化学物质。另一部分是适应性免疫系统，它来自血液中淋巴细胞的特性。这些细胞像警察一样在身体里巡游，寻找可疑的抗原，例如，细菌、病毒或者来自其他生物体的细胞。淋巴细胞表面上的受体会锁定抗原表面上的特征，然后用抗体包裹住抗原。这样就使抗原失去活力，并被标记，让其他专门的杀伤细胞来摧毁这些抗原。

适应性免疫系统中的"杀手部队"分为两个不同的"通信营"，即 1 型辅助性 T 细胞和 2 型辅助性 T 细胞。这些细胞可以释放化学物质，通知其他细胞投入战斗。卡介疫苗和麻疹疫苗能强化 1 型细胞，增强免疫系统与其他感染进行战斗的能力。

不断增加的证据表明，百白破疫苗能平衡 2 型辅助性 T 细胞。动物研究表明，雌性动物的 2 型辅助性 T 细胞较多，具体原因尚不清楚。

凯蒂·弗拉纳根（Katie Flanagan）的研究也支持这一结果，凯蒂·弗拉纳根是澳大利亚塔斯马尼亚州朗赛斯顿综合医院的传染病专家，她研究了疫苗对孕妇免疫反应的影响。她的研究清楚地表明，女孩接种疫苗的反应与男孩明显不同。弗拉纳根认为，这也许与免疫细胞上的性激素受体有关，但尚未得到证明。她说，已经搞清楚的是，接种疫苗后某些基因"接通"方式明显不同。男性的基因几乎不会"接通"，而女性的几乎所有基因都会"接通"。弗拉纳根说，这是令人震惊的。

2006 年，位于洛杉矶的加州大学同时进行了与弗拉纳根的工作相同的研究。一个研究小组列出了公白鼠和雌白鼠的 23 000 多个基因的影响。他们发现，脂肪、肝脏和肌肉组织中的四分之三的基因生产不同量的蛋白质，这与白鼠的性别有关。

显然，在这方面还有大量的研究工作需要进行，但是，现在可以确定的是，性别对生理和疾病有一定的影响。这意味着医学还有很长的路要走。乔凡娜拉·巴乔将其称为"第三个千年的任务"，完成这一任务需要新的研究投资，需要调整医学教育和卫生政策。这并不是一个小任务——与本书下一章的主题非常类似。

然而，我们似乎终于具备了条件，可以重新开启西格蒙德·弗罗伊德（Sigmund Freud）在19世纪放弃的项目，使它成为21世纪的一场革命。心理学词汇终于找到了科学的根基。

6 生存之欲

心理对身体有影响作用

心理疗法也是一种生物治疗。

——埃里克·坎德尔（Eric Kandel）

1985 年，生理学家威廉·基廷（William Keatinge）在伦敦做了一次著名的试验。他和他的同事说服了一个人，让此人穿着衬衫、毛衣和牛仔裤，进入水车的深水池中。池水冰冷——刚超过 5℃——受试者存在出现体温过低的风险。研究人员在受试者能忍受的情况下让他运动手臂和腿，做出游泳的动作。人能忍受这样的低温的极限时间大约为 1 小时 15 分钟。极限时间过后 10 分钟，研究人员停止了试验。停止试验的原因不是因为受试者感到太冷，而是因为受试者说他的脚受伤了。

受试者的名字叫古德拉格·佛里德桑森（Gudlaugur Fridthorsson）。令人惊奇的是，他同意参加试验的原因是：这次试验可以让他重新体验 17 个月之前让他差点丧命的那个时刻。

佛里德桑森是冰岛的渔民。1984 年 3 月 11 日，在冰岛南部海岸之外的韦斯特曼群岛以东 5 公里的海面上，暴风雨打翻了他的船。船只完全倾覆，船底朝天，佛里德桑森和他的两个幸存的同伴——还有两个同伴掉落海里失踪了——在船底壳上坐了 3 小时 45 分钟。

船只后来沉没了。那天晚上，海水的温度大约为 5℃，气温只有

-2℃，三个人只能游向陆地。他们能看到灯塔微弱的灯光，经过商议后决定朝灯塔的方向游去，在游水的过程中不断地喊话以相互提醒。游了才几分钟，其中一个人就没了声息。佛里德桑森和船长乔特·琼森（Hjortur Jonsson）继续游着说着。再过了不到10分钟，琼森没有了反应，佛里德桑森意识到只剩他一个人在浩瀚的海洋中了。

他穿着牛仔裤、衬衫和针织衫，一直游了6个小时。他与头顶上盘旋的管鼻鹱说话，他与上帝说话，他与自己说话。终于，在黑暗中，他游到了岸边。

他是怎么生存下来的？其中一个原因是他比较胖。基廷和他的同事发表在《英国医学杂志》上的论文中提到，在他们进行的比较研究中，与其他受试者相比，佛里德桑森"更加肥厚"。《新科学家》杂志的文章就没有这么文雅了。《新科学家》的作者史蒂芬·扬（Stephen Young）写道，"对于佛里德桑森的最大的关注，我们不能不提他的海豹似的皮肤和鲸鱼一样的脂肪。当然，还有他积极的态度，他在游泳过程中讲笑话、与上帝对话"。

据美国国家海洋和大气管理局的资料，一般情况下受损船只的沉没时间为15～30分钟。这半小时"提供了非常有用的准备时间"，使人们做好进入冰冷海水的准备。美国国家海洋和大气管理局建议，在这种情况下最好穿几层衣服：即使湿衣服也能存留一些热空气。显而易见，如果能上救生船，当然更好了。如果是在可控的情况下进入海水中，缓慢地使自己进入海水，能避免心血管系统受到冲击，避免呼吸的加速。在水中尽量保持静止——不要试图游动。保持漂浮状态，除非附近有救生船，你能游过去。美国国家海洋和大气管理局对掉进冰冷水域的人的最后的建议是："保持积极的态度，生存的欲望很重要。"

这样做有用吗？这正是我们将探究的问题。我们有一个很有趣的开始：2012年7月，海伦娜·卡尔皮宁（Helena Karppinen）公布了一项特别的研究，名称为"对老年人的生存意愿和生存率的10年跟踪研究"。该项研究对赫尔辛基400名年龄在75～90岁之间的居民进行了调查。2000 年的时候对他们进行了第一次采访，询问了一个无关紧要的问题，"你希望能再活多少年？"

有些人没有回答这个问题，他们似乎害怕将自己的想法说出来。统计数据显示了有趣的结果：没有回答这个问题的人的年龄比那些回答了这个问题的人的年龄更大，也存在更多的健康问题。对于他们而言，距离死亡更近，以至于他们在生活中不愿意提及这样的词汇。

卡尔皮宁将回答了问题的人分为三组：希望再活 5 年或者 5 年以下的为一组（占 26%），希望再活 5 ~ 10 年的为一组（56%），希望再活 10 年以上的为一组（18%）。卡尔皮宁 10 年后回访时，有一半受访者已经去世。她和她的同事分析了死亡者的分布情况，考虑了年龄、性别、受教育程度、是否抽烟、情绪状态和疾病等，得出了一个令人关注的结论。她说，"希望活得更久的人会活得更久一些"。

你可能对这样的结论感到非常惊奇。人类的经验告诉我们，生存的意愿对人确实有影响。科学一直担心我们对周围世界的解释是否正确，科学也在极力地否定我们对周围世界的解释。尽管否定的战斗异常激烈，但战果并不显著。研究大脑、心理和身体防护能力之间相互影响的心理神经免疫学终于开始被人们接受。这是理所当然的事情，因为心理神经免疫学正在形成。

我们现在所说的心理神经免疫学的故事可以追溯到 1885 年 11 月 15 日。当时，一只名叫普卢托（Pluto）的狂怒的谍犬咬了圣彼得堡警卫部队的一名军官亚历山大·戴米安肯科夫（Alexander Demiankenkov）。戴米安肯科夫的指挥官奥屯博格斯基（Oldenburgskii）王子是俄国王室成员，也是一名热心的医学研究者。

奥屯博格斯基王子听说过巴黎广受称赞的医学专家路易·巴斯德（Louis Pasteur）发明的治疗狂犬病的特效方法。巴氏灭菌法——通过加热杀死细菌——只是巴斯德的发现之一。他发明的一组疫苗同样意义重大，狂犬病疫苗当时刚被研制出来，对于狂犬病肆虐的欧洲大陆来说，这是值得庆贺的事情。奥屯博格斯基王子将他的属下送到巴黎进行医治。第二年，俄国方面提出了正式的请求，请求巴斯德向俄国的科学家传授他的技术。巴斯德不愿意廉价地卖出自己的"秘密"。他提出建议：更好的办法是俄国给他的巴黎研究所"提供资金帮助"。收到经费支持后，巴斯德声明，"他认为自己很荣幸，能在研究所接收来自你们广大国家的医师，你们的国家给予了我伟大的同情"。他同时建议，"俄国应该在预期的时间内尽快将所有被狗咬伤的人送到巴黎"。

这一策略非常有效。俄国不久就成为了巴斯德研究所最大的病员来源，俄国沙皇亚历山大三世派遣奥屯博格斯基王子去法国，带去了 10 万法郎的礼物。王子没有空手而归：巴斯德给了他一只接种了狂犬病疫苗的兔子——这成为了俄国研制抗狂犬病疫苗的完美起点。

巴斯德也准备邀请俄国的研究人员来巴黎工作。他说，研究所的研究报告应该用法语和俄语进行双语发表。谢尔盖·梅契尼科夫（Sergei Metalnikoff）由此来到了巴黎。他带来了伊凡·巴甫洛夫（Ivan Pavlov）的条件反射技术，巴甫洛夫曾演示了通过扰乱心理预期改变豚鼠的白血细胞数量。

白血球占到你身体中血液的 1%。它的作用很简单：攻击血液中发现的外来物，使其变得对身体无害。白细胞数的增加意味着身体的防御系统已经启动。梅契尼科夫（Metalnikoff）证明，即使没有发现"敌人"，有时，白细胞的数量也会增加。

在梅契尼科夫的试验中，他在豚鼠的皮肤上放置一根热棒。同时，他的合作者维克多·考瑞（Victor Chorine）给豚鼠注射木薯淀粉。木薯淀粉触发了豚鼠的免疫系统，白血细胞数量增加。然而，根据巴甫洛夫的条件反射理论，梅契尼科夫很快就不需要注射木薯淀粉了。经过了几轮条件作用，热棒的感觉能增加豚鼠的白细胞数量。事实表明，这一过程对豚鼠是有利的。试验结束时，与没有进行条件作用的豚鼠相比，对热棒形成条件反射的豚鼠对霍乱感染具有更强的抵抗力。

梅契尼科夫的结果发表于 1926 年，但并未引起多少人的关注。因为在当时，心理问题属于心理分析学家和精神病学家的研究范畴，严肃的科学家不愿与这样的骗子一起工作。必须指出的是，西格蒙德·弗洛伊德对此负有主要的责任。

1936 年，法国皇帝拿破仑一世的曾侄孙女玛丽·波拿巴（Marie Bonaparte）公主在柏林的一家书店偶然发现了弗洛伊德写给他朋友威尔赫姆·弗里斯（Wilhelm Fliess）的一捆书信。玛丽公主非常了解弗洛伊德。她是弗洛伊德的追随者，她很富有，曾资助弗洛伊德离开纳粹占领的奥地利。她买下了这些信件，然后写信给弗洛伊德，问他如何处理这些信件。弗洛伊德告诉她：烧了吧。

玛丽公主明白，弗洛伊德是在情绪不佳的情况下做出这样的决定的。由于抽雪茄太多，弗洛伊德患上了颌骨癌，右侧脸颊已深陷进去。做过多次手术后，他经受着难耐的疼痛；弗吉尼亚·伍尔夫（Virginia Woolf）是这样描述他的："一个紧紧蜷缩着的老年男人，眼睛明亮得跟猴子一样。"不管出于什么原因，公主没有听从弗洛伊德的意见，为此，我们应该感到欣慰，因为这些信件在 1950 年终于发表了出来，对人们起到了启发作用。

这些信件描述了弗洛伊德在 1895 年曾试图进行的一个"科学心理学项目"。难怪弗洛伊德陷入了困境：项目惨遭失败。他是一名受过教育的神经科医师，他的设想是寻找人类行为的神经基础。尽管弗洛伊德很有才气，看到了进行这样的研究的必要性，但是，当时对大脑生理机能的了解非常有限。意识到这样的研究是在浪费时间，弗洛伊德放弃了研究了一半的项目，宣称心理分析师应该根据病人的主观报告进行诊断。弗洛伊德说，将心理分析与任何科学的事情联系起来的努力没有意义。从那以后，心理分析与客观科学分道扬镳，只是到了现在，两者才刚刚开始建立联系。

心理分析与客观科学的关系的复合始于一名精神病医生的父子关系，这是顺理成章的事情。20 世纪 50 年代，乔治·所罗门（George Solomon）是旧金山加州大学兰利波特研究所的精神病医生。他的父亲约瑟夫也是该研究所的精神病医生，一直怀疑心理因素对类风湿性关节炎的治疗过程有影响，他感觉不良的情绪或者紧张的环境会加重病情。乔治决定帮助他的父亲来研究这种情况的真实性。

后来，乔治·所罗门从加州大学来到斯坦福大学。在斯坦福大学，他开始与心理学家鲁道夫·莫斯（Rudolf Moos）进行合作，鲁道夫当时正在研究影响类风湿性关节炎病人健康状况的因素。但是，他们只能利用旧金山的病人研究心理因素的影响；斯坦福大学的管理当局绝对禁止他们的"荒唐的心理学研究"。

到了 20 世纪 60 年代，加州大学不再对心理 – 身体关系的观念感到吃惊。在此前的 10 年，加州大学研究人员的研究表明，紧张状态能使白鼠易受疱疹病毒的感染，处于紧张状态的猴子易患骨髓灰质炎。尽管如此，当所罗门宣布并坚持自己的主张时，人们依然感到震惊。他在实验室的门上挂了一个标牌，标牌上写着"心理免疫学"，这使他的同事们感到恐惧。一个新的研究领域就这样正式诞生了。

免疫学者感到特别困惑。他们断言，人类免疫系统不需要大脑：免疫系统本身是完美的，能识别对身体构成威胁的各种外来分子和生物。另外，人们不知道大脑与免疫系统之间的物理关联。幸亏没有人告诉罗伯特·阿德（Robert Ader）这一点。

阿德通过试验证明了人们公认的常识是错误的。他研究了老鼠如何获得条件反射，他将注射环磷酰胺与喝糖水联系起来，注射环磷酰胺能使老鼠产生肠胃不适，因此，老鼠会避开带甜味的糖精。但是，在试验过程中，并非如他的预想，老鼠开始死亡。

阿德起初认为这是一种没有意义的观察结果。不久以后，阿德认为这种现象是有意义的。他注意到，老鼠的死亡与吃进的糖精的量有关，与注射的环磷酰胺的量无关。阿德不是免疫学者，他能自由地、任性地、无根据地推测。他知道环磷酰胺能抑制免疫系统，是不是条件反射引起的关联也能抑制免疫系统？免疫反应降低以后，老鼠对试验室里的病原体更加敏感——这导致了老鼠的死亡。

阿德与他的合作者并不知道半个世纪以前梅契尼科夫就利用木薯淀

粉在豚鼠身上做过试验，他们继续证明条件作用与免疫系统之间的关系促使人们去面对当时未被发现的免疫系统与大脑之间的关系。他后来说，"我是被自己的数据'强迫'带入这方面研究的"。这样，就开始了一场滑稽的闹剧，很好地符合了叔本华定律。

人是哲学家亚瑟·叔本华喜爱的研究对象。他论述了"权力欲"以及人的精神在"生存欲"中的体现。他意识到，顽固和爱面子是人性的一部分，他用严肃深刻的语言概括总结了这个结果。他说，"所有的真理都要经过三个阶段——首先是被嘲笑，然后是被强烈反对，最后才会被接受，被认为是不证自明的"。

这正是阿德和他的同事所遭遇的情况。我们尚不知道生存的生理学欲望的观念就是叔本华所说的"真理"。但是，阿德关于通过心理条件作用增强抗体产生的论文被英国《自然》杂志退稿了，因为他无法提供抗体增强的详细细节。几年后，20世纪70年代末，《自然》杂志又退稿了阿德关于神经系统能响应来自免疫系统的信号的论文，因为"大脑必须接收来自免疫系统的信息，这是不证自明的"。

2000年，一名奥地利出生的精神病专家获得了诺贝尔奖，他的研究表明心理活动是一种物理实体，从这一事件可以看出人类在这一方面所走过的路程。

当埃里克·坎德尔（Eric Kandel）获得诺贝尔奖时，奥地利国人欣喜若狂，但没能持续太长时间。坎德尔说，"他打了奥地利人的脸"，他公开声明，"这不是奥地利人获得的诺贝尔奖，而是犹太裔美国人获得的诺贝尔奖"。

坎德尔说，"他对维也纳人没有好感，因为他们从未勇敢地面对他们对犹太人的流放"。在他的自传《寻找记忆》中，他提出了这样一个问题："一个具有高度教育水平和文化的社会，一个在历史上曾孕育过海顿、莫扎特和贝多芬的社会，怎么会在下一个历史时刻陷入野蛮的境地？"

在对他的出生国进行公开指责后不久，奥地利总统打电话给坎德尔，询问国家应该怎么做才能修正错误。坎德尔的第一个要求是，维也纳大学所在的道路——卡尔吕格尔路（Doktor-Karl-Lueger-Ring）——必须改名。

卡尔·吕格尔（Karl Lueger）在20世纪初当选维也纳市长。他是一个狂热的天主教徒，一个充满恶意的反犹太主义者。在他任市长期间，阿道夫·希特勒（Adolf Hitler）在维也纳居住了6年时间，他对希特勒产生过影响，希特勒在《我的奋斗》中甚至提到了吕格尔。希特勒的人种改良学就是通过吕格尔等人的观点由达尔文的进化论演变而来的。现在，吕格尔的名字仍然存在于城市的景观中，特别是，还如此靠近曾经培养过波耳兹曼和弗洛伊德这样著名的犹太思想家的大学。坎德尔将其描述为"令人难以置信的耻辱"。2012年4月，维也纳将这条道路改名为大学路（Universitäsring）。坎德尔是一个能改变现状的人，他还改变了我们对心理本质的认识。

研究记忆的物质性——对大脑物质结构的影响——占据了坎德尔生命的主要部分。他依然记得在第二次世界大战爆发之前的几个月里逃离维也纳的情景。他家住在维也纳第9地区的一套公寓里，公寓已被反犹太暴徒洗劫一空。坎德尔被赶到了街上，家里财物都被偷走了。纳粹夺走了9岁的坎德尔最珍贵的东西，一辆蓝色的遥控玩具车。这一记忆深深地刻在他的大脑。他说："这些童年创伤深深地刻在了记忆里，我对此感到吃惊，其他人也是如此。我不得不沉思，我过去在维也纳的经历有助于确定我后来对于心理现象、人类行为、人类动机的不可预测性和记忆的持久性研究的兴趣。"坎德尔获得诺贝尔奖，因为他的研究表明，记忆存储是一个"完全的分子作用过程"，他在有瑞典国王和王后以及诺贝尔大会成员参加的颁奖宴会上也是这么说的。坎德尔的所有研究都起源于一只蜗牛。

在了解生物体隐藏的通信系统的过程中，动物给我们提供了诸多帮助。我们通过对鱿鱼的解剖研究，了解了电化学作用的潜能，也就是神经元向其他细胞发送信号的方式。鱿鱼的巨大轴突是一条从头部一直延伸到尾部的承载电流的生物导线，它的直径达到 1 毫米，远远大于人脑中的轴突，是科学研究的理想对象。

马蹄蟹也给我们提供了很多帮助，它具有巨大的复眼和容易观察的视神经，能方便地研究视网膜与大脑的相关作用。每个学习生物学的学生都知道，我们应该感谢青蛙，利用青蛙我们掌握了神经与肌细胞之间的相互作用。

尽管如此，大家都告诉坎德尔，研究蜗牛的记忆是在做傻事。没有人知道记忆是如何保持的。阐明记忆的准确机理对坎德尔来说，是一个急需解决的"奇妙"问题。这时，他的学长告诉他，无脊椎动物的大脑太简单，不适合用作对比人类大脑的模型。但是，坎德尔知道，即使一些很低级的动物也能学习。他有理由认为，我们的身体内可能保留着它们的大脑的一些原始结构。

通过对多种候选动物的筛选，他放弃了小龙虾、大龙虾和线虫类蠕虫，最终认定大型海生蜗牛（海蜗牛）符合要求。更便利的是，他可以从这方面的专家拉迪斯拉夫·托克（Ladislav Tauc）处了解关于海蜗牛的所有知识。因此，埃里克·坎德尔前往巴黎研究蜗牛。

海蜗牛的神经系统非常简单，正好适合用作研究。它只有很少的细胞，且细胞都很大，可以清楚地作区分辨识。换句话说，他能方便地跟踪每个细胞发挥的所用。

第一步是表明海蜗牛能够学习。坎德尔和他的同事在其他持高怀疑的同事的围观下，设法使海蜗牛形成条件反射——当被轻轻敲击时，海蜗牛的鳃会合起来。

一般情况下，海蜗牛不会对触碰做出反应。但是，如在触碰的同时进行电击以使其产生难受的感觉，不久后，海蜗牛就会对研究人员的手指感到害怕。接下来需要解决的问题是，基于海蜗牛的简单的解剖结构，经过训练的海蜗牛与未经过训练的海蜗牛的大脑会有明显差异吗？

答案是肯定的。当蜗牛长期记住某件事的时候，在检查它的大脑时你会发现，它长出了新的连接点或者突触。坎德尔对这样的发现感到兴奋，且完全没有意外。作为一个受过教育的精神病专家，他开始探索自己的记忆，因为他正在寻求科学的突破，这样的突破会使他获得更多的信息，促进他在这一领域的研究。他断定，他对蜗牛的这一发现也适用于人类。他认为人的学习肯定会涉及大脑机体的改变。另外，他相信，心理疗法实质上是一个学习过程。因此，心理疗法肯定会引起大脑的改变。这样，我们终于能将人的身体状态与心理内容联系起来了。当时，人们只是通过对蜗牛的研究得出了一种主张；今天，人们通过正电子发射断层扫描（PET）的脑显像技术，验证了上述说法的正确性。

正电子发射断层扫描（PET）不论是在疾病诊断还是在研究方面都给医学带来了革命性的变化。扫描前所要做的事情，只需注射有放射性的糖。放射性元素发出正电子，正电子是原子中电子的等量反粒子。人体中的正电子与电子相遇时会发生湮灭，释放出闪光。扫描器能捕获这种闪光，更准确地说，是 γ 辐射。记录扫描仪探头探测到辐射的地方，利用计算机软件拼凑发生辐射的轨迹，也就得出了正电子与电子发生湮灭的地方。利用精巧的工程技术，就能得出人体的三维图。

所得出的图像具有令人难以置信的高分辨率。不同的组织吸收不同放射性元素的量也不同，通过注射不同元素的混合物，研究人员能生成人体分子尺度的三维模型。这种三维模型能令人惊讶地展示人体组织结构。

在芬兰东部大学，索伊利·莱赫托（Soili Lehto）组织了 19 名抑郁症患者，在为期一年的心理治疗前后，分别利用 PET 扫描仪对他们进行扫描。通过扫描，测量了患者大脑中部血清素转运分子的密度。大多数患者的血清素转运体的密度没有变化。但是，其中有 8 名患者在心理治疗后血清素转运体的密度明显提高。

这 8 名患者被诊断患有非典型抑郁症，这意味着在出现好事的时候他们的心情会好起来。这只是一个小样本，没有对应的对照组，因此很难知道这样的结果意味着什么。但是，他们确实提供了决定性的证据：

心理治疗能够改变大脑。1992 年，又有了更多的证据，加利福尼亚的神经精神病学家莱维·巴克斯特（Lewis Baxter）比较了心理治疗与抗抑郁药氟西汀（通常称为"百忧解"）的疗效。两种疗法都能改变大脑尾状核——大脑皮质下的一种结构——的活跃程度。

2011 年，赫尔辛基大学精神病学教授哈瑟·卡尔松（Hasse Karls-son）对 20 项心理治疗引起大脑改变的研究进行了分析，他得出结论：我们目前对心理治疗已经有所了解——如何利用我们的主观经验改变大脑的物质结构——我们可以利用特定的心理治疗针对具体的大脑电路。坎德尔是这么说的，"心理治疗是一种生物治疗，一种大脑疗法"。

弗罗伊德放弃的项目终于结出了果实，这方面的研究能走多远？我们现在知道，情绪能影响免疫系统，探讨问题能引起大脑的物理变化。我们知道，某种心情——比如可能会受到人身侵害——能改变免疫系统，增强生物体抵抗感染的能力。因此，我们是否可以像美国国家海洋和大气管理局（NOAA）那样说，生存的欲望很重要？我们是否已找到了保健的密匙？

目前还不能确定。在我们继续探索之前，我们需要再次思考这个问题：这样的研究是否真有值得利用的效果？古德拉格·佛里德桑森（Gudlaugur Fridthorsson）只是一个特例，他的情况比较复杂，也不能令人信服——毕竟，他有肥厚脂肪的保护。海伦娜·卡尔皮宁（Helena Karppinen）对老年人更长生存愿望的研究更有说服力。但是，还有其他什么原因使我们必须严肃地接受生存欲望所产生的生理功能？也许我们应该从戴维·菲利普（David Phillips）非同寻常的主张开始进行思考。

戴维是圣迭戈加州大学的社会学教授，他时常遭受人们的质疑。他出生于南非，父母是犹太人。出于对南非种族隔离政策的愤怒，他们只对非白种人提供医疗保健。20 世纪 50 年代，在戴维 12 岁时，他的家庭被迫逃往美国。1974 年，他已是一个在思考死亡的成年人，当年，他发表了一篇影响巨大的论文《盲目模仿的自杀者》。他的论文表明，报道自杀（比如在报纸的头版），会明显增加此后几周内的自杀者数量。尽管当时的人们对这一观点存在较大争议，但戴维的发现经受住了细究，他改变了媒体报道自杀的方式。

他发表在《新英格兰医学》杂志上的文章也引起了争议，这篇文章提出，在《纽约时报》上刊登的研究能影响科学家的重视度。先在《新英格兰医学》杂志上发表一篇文章，然后再在《纽约时报》上刊载，与没有在《纽约时报》上刊载的同类文章相比，会得到更多其他科学家的引用。科学工作者不喜欢戴维的这一发现，他们努力地寻找戴维研究工作存在的缺陷，但他们未能如愿。

戴维提出了一个有趣的问题。他说，"在电影和某些浪漫的文学作品中，有时会出现临终的场景，临终的人会坚持自己的生命，直到某种特别的事件发生。例如，临终的母亲会坚持到久别的儿子从战场上归来。这种虚构的场景也会发生在生活中吗？"

为了回答这一问题，戴维研究了 1 251 位"著名的"美国人的生日和忌日。他说，可以合理地假定，著名人物的生日会有更加盛大的庆祝仪式，人们会给予他们诸多的关注和丰厚的礼物。一般而言，他们的生日比普通人更值得去参加。因此，存在一个"死亡谷"——著名人物更多地在生日之后去世，较少在生日之前去世。

戴维将这种现象看作是某种因素影响的结果。他还发现了人的名气与死亡谷之间的关联。他在研究中将名人按照名气大小分为三个等级——乔治·华盛顿（George Washington）和托马斯·爱迪生（Thomas Edison）为最高等级；埃德加·艾伦·波（Edgar Allen Poe）和亚历山大·格雷厄姆·贝尔（Alexander Graham Bell）为中间等级；塞缪尔·阿达姆（Samuel Adams）和尼古拉·特斯拉（Nikola Tesla）为第三等级。名气越大的组，死亡谷也就越大。戴维宣称，如果你是一位重要人物，你不太可能在生日之前去世——主要是因为，你渴望得到关注。

戴维的研究《忌日与生日：一种意外的关系》发表于 1972 年，受到了大量的反对和批评。戴维的后续研究《死亡也会休假：重要社交时刻的死亡率》也得到了类似的反应。这篇论文发表在 1988 年的《柳叶刀》上，这项研究似乎表明，犹太男人的死亡谷出现在"逾越节"之前的一周。"逾越节"的庆祝活动由男性家长主持，当"逾越节"恰逢周末时，死亡谷最深（可能是因为这时的庆祝活动规模更大，不容错过）。

其他文化的种群是否也存在类似例子？确实存在：戴维发现，中国老年妇女的死亡谷位于中秋节之前，在中秋节，老年妇女是众人关注的焦点。在中秋节的前一周，女性家长的死亡率比正常情况少三分之一。在中秋节之后的一周内，她们的死亡率高于平均值。中秋节之前死亡率的减少与中秋节之后死亡率的增加大致相等。这一数据再次表明，人类可能会用自己的意志支撑生命——至少能再支撑一小段时间。

许多研究人员指控戴维有意选择数据支持自己的假设。但是，某种期望——通常是乐观的期望——确实对人的健康状态有好的影响。哈佛大学劳拉·库伯赞斯基（Laura Kubzansky）2001年的一项研究表明，乐观的态度——她举例说，对半杯水的态度——会降低老年男性罹患冠心病的概率。这一发现与他们平时抽多少烟、喝多少酒无关。库伯赞斯基认为，教育人们保持乐观的态度可能是非常值得的保健投资。

在我们对这一领域深入研究之前，我们需要警惕"甜蜜的恐怖"。告诉患者，只要抱有积极的心态就能好起来，或许并不一定有效；让那些不够乐观的患者认为正是自己的态度致使病情加剧，或许也不都能奏效。"在他们提升积极心态的热情中，他们的主张与科学证据之间出现了巨大差异。"詹姆斯·科因（James Coyne）与霍华德·特内（Howard Tennen）在《戳破夸大心理因素对癌症影响的"气泡"》的文章中就是这么写的。他们引用了1999年578名女性乳腺癌患者的一项研究，该项研究打破了积极心态能使委顿的、深感内疚的患者的病情得到缓解的神话。"根据这一发现，我们提出这样的建议，应降低女性对于不能保持斗志的内疚感。"

我们还需要认识的是，疾病对身体的破坏力。

压力是一种多头怪物。它实际上反映了在你无力应对所面临的要求时，自己身体内部的变化，或者说明你已无法控制所发生的事情。引起急性应激反应的肾上腺素就是你对压力做出响应的最好例证；例如，当你遭遇抢劫时，肾上腺素会向你的肌肉发送一种化学混合物，使你逃走或者与抢劫者搏斗。

即使不是遭遇抢劫，像考试、跳伞或者工作劳累等这样的使人紧张的事情，也会引起中枢神经系统、内分泌系统和免疫系统交换多种化学物质：肾上腺素、去甲肾上腺素、皮质醇和催乳素等。上述每种化学物质都对免疫系统有不利的影响，因为人的免疫系统的所有细胞都有受体，会与紧张情绪引起的这些化学物质进行结合，其结果会释放细胞活素。

细胞活素是免疫系统中的杀伤蛋白。杀伤蛋白也称为干扰素、肿瘤坏死因子和白细胞介素。杀伤蛋白由白血球释放，它们的工作就是攻击、中和和摧毁入侵的生物体或者对身体正常功能构成威胁的任何分子。然而，有时情绪紧张也会引起细胞活素的释放。这就存在一个问题，因为细胞活素对身体内的化学物质有其特有的影响。例如，白细胞介素-1能够引起大脑的下丘脑释放一种激素，促使生成更多的应激激素，逐步增强整体的状态。研究表明，应激激素和细胞活素的增加会使人们对感冒和流感病毒更加敏感、接种疫苗的效果会降低、皮肤割伤或者划伤时不易恢复等。有人做过一些奇妙的实验，在照顾患有阿尔茨海默症患者的女性亲属（一种高度紧张的情况）的身上切一个"小的标准的真皮伤口"，伤口的愈合时间比无压力的对照组的女性长24%。研究人员又采集了这些女性的血样，他们发现，这些高度紧张的女性在接触抗原后，血液中的白血球产生的抵抗感染的白细胞介素-1-β较少。

在人的一生中，没有比亲近的人面临死亡更令人紧张的事情了，在这种情况下情绪紧张的破坏力非常显著。1994年写给国立卫生研究院的一份报告指出，"一次又一次的研究表明，丧偶的人在配偶去世后第一年的死亡率是同年龄段夫妻健在的人的2~12倍"。这种现象称为"鳏寡效应"。另一项在12年间对4 000人的研究表明，刚丧偶的男性的死亡率比同一年的平均死亡率高 25%。

值得指出的是，丧偶的女性的死亡率只增加了 5%。出现这一现象几乎可以肯定地归因于本项研究中女性与男性不同的自足性；他们属于同一代人，但男性往往由于缺乏照料、饮食不周，以及缺少陪伴而离世。研究人员充分地认识到了这一点。2011 年发表的一项荟萃分析——对以前的研究结果的研究——揭示了许多相关因素。拥有伴侣的人可以共担费用，更容易选择健康的食物。例如，配偶会监控对方的健康状态，确保对方遵循保健建议，遵守食物疗法——"监护人效应"。

尽管如此，不管是男性还是女性，迟早都会面临丧偶的问题。1975—1977 年，罗格·巴特罗普（Roger Bartrop）和他的同事在悉尼大学测量了丧偶不久的 26 位男女的免疫系统反应。在丧偶后的 8 周内，他们的免疫系统敏感度较低，存在染病的巨大风险。

这是第一次表明，严重的心理刺激因素会使人的免疫系统产生明显的差异。2010 年发表的一项追踪调查表明，人在丧偶后容易染病，丧偶人群的患病率比非丧偶人群高出 20%。丧偶人群的心脏和循环系统疾病是对照组的两倍。除去劳拉·库伯赞斯基所表明的乐观的态度对于心血管系统的保护作用，丧偶人群的心脏是非常脆弱的。

保持独身也不是保护的办法。2010 年的一项研究列举了独身的危险。如果你有"足够的"社交关系，那么你活到特定期限结束的概率比那些孤独的人高出 50%。换句话说，良好的朋友关系的作用类似于戒烟或者减少饮酒。2012 年的一项研究对 2 000 名 50 岁以上的美国公民进行了跟踪研究，结果发现，长期孤独的人的死亡率是研究期间的平均死亡率的 2 倍。

配偶离世的痛苦肯定大于正在忍受的孤独所产生的痛苦。2011 年的一项荟萃分析表明，鳏寡效应在配偶刚去世后的几个月里表现最明显，随着时间的推移会逐渐减弱。丧偶的人在丧偶后的 6 个月内最容易死亡。如果丧偶的人坚持过了这段时间，他（她）死亡的风险就会回到正常的水平。为什么会出现这样的情况？研究给出的貌似最合理的解释采用了心理神经免疫的方法。在我们得出本章的结论之前，我们需要深入地探究一下免疫系统。

人患病时会表现出某些特定的症状——乏困无力、食欲减退、发烧发冷、浑身疼痛等，这些感觉都不是病毒或者细菌引起的，而是由身体防御机制引起。所有这些症状都是由细胞活素引起的：细胞活素引起"患病状态"，这种状态能确保细胞活素有足够的资源完成自己的工作。细胞活素的作用使你卧床休息，以便它们能完成正在进行的工作，确保患者不会在当天去参加马拉松比赛以对身体能量带来消耗。罗伯特·丹泽（Robert Dantzer）在 2008 年的一篇论文中写道，"患病症状是对感染的正常响应，就像面对凶猛野兽时的恐惧一样"。

但有时，疾病响应会出现失控。20 多年以前，对于那些对放射疗法和化学疗法产生了抗力的肿瘤患者或者 C 型肝炎无法缓解的患者，临床医生曾尝试给他们注射细胞活素试图增强患者的免疫系统。这样做生产了所有预期的疾病症状。在多数情况下，患者表现出了情绪低落。有了这一发现，研究人员开始检查情绪低落的患者的血液，寻找免疫系统过度活化的指标。他们确实找到了这样的指标，但是，治疗抑郁症的医生没人愿意了解这方面的情况。正如丹泽指出的，这种发现的创新点"没有引起精神病学团体的兴趣"。

大约 10 年以后，情况有了改变。我们现在知道，在被诊断为重度抑郁症的患者中，有三分之一的患者表现出炎症指标（比如，血液 VSE 细胞活素）的升高。研究发现，创伤后应激障碍和精神分裂症患者的免疫系统会出现破坏。对情绪低落的患者施用一线药物治疗后，他们血液中的炎症指标明显降低。

我们终于接受了这样的事实：生理反应与心理反应是有关系的。格拉斯哥的研究人员拉吉夫·克瑞士奈达斯（Rajeev Krishnadas）和乔纳森·卡瓦纳（Cavanagh）在 2012 年发表的一篇论文中写道，"我们现在知道，大脑并不是一个具有免疫特权的器官"。炎症系统的改变能改变大脑的工作方式。此外，大脑的改变会引起身体机能的改变。

在大多数情况下，这会降低患者可能承受的压力。《心身医学杂志》刊登的一项2003年的研究表明，打太极拳——在运动过程中冥想——能使细胞的免疫反应增强50%。20世纪70年代，斯坦福大学医学院的戴维·施皮格尔（David Spiegel）开始研究"支持团队对癌症患者的影响效果"。他和他的团队非常担心，看到患有相同疾病的其他人的死亡会使患者的情绪低落，甚至会加速他们的死亡。然而，他们担心的情况并未出现。他发表于1989年的研究表明，每周一次将患者集中在一个房间里，让他们相互交谈一个小时——他将这种过程称为"支持－表述小组治疗法"——可以延长患者的生命。与患有相同癌症但没有参加会议的患者相比，定期参加会议的患者能多活18个月。

当时，很多人对这一结果持怀疑态度，但是，人们的怀疑渐渐地消失了。在2012年的一项研究中，施皮格尔列出了8项研究，这些研究印证了心理疗法或者其他的"社会心理"干预能延长患者的存活时间。同一时期进行的6项类似的研究没有获得这样的结果。施皮格尔指出，你所能说的最坏的结果是上述做法是无害的；最好的结果是延长了患者的寿命，提高了他们的生活质量。

即使人们不指望长生不老，但是，心理神经免疫学告诉我们，人们至少希望活得更长久一些。埃里克·坎德尔描述了他所认为的心理神经免疫学的发展方向。随着我们对大脑了解的加深，我们利用大脑的能力也会增强，可以利用大脑对我们的健康施加更多的控制。他说，"所谓的心理活动只是大脑执行的一组程序"，"在未来的几十年里，我们很可能看到神经病学与精神病学之间更高层次的结合"。这一结果将带来人类幸福的大跃进。

本书的下一个主题是否会有这样的结果，我们尚不清楚。人们才刚刚认识到量子物理学在生物学中的作用，目前尚无迹象表明我们能利用这方面的理解影响我们的健康。然而，量子物理学能够改变技术形态，避免地球出现灾难性的气候变化——这就值得对量子物理学进行研究了。

7 量子世界

生物学正在利用量子的怪异行为

在自然界中，杂交物种一般生命力不强；而在科学中，情况正好相反。

——弗兰奇·克里克（Francis Crick）

给知更鸟戴眼罩是一件奇异荒谬的事情，但似乎没必要为此感到羞愧。当罗斯维塔（Roswitha）和沃尔夫冈·维尔奇科（Wolfgang Wiltschko）将这些知更鸟从法兰克福歌德大学的实验室放出以后，它们一般都能自由地飞离。

这些鸟是幸运的，并不是因为它们看起像海盗一样。冬季过后，当这些鸟渴望返回北方斯堪的纳维亚时，维尔奇科会选择放掉它们。几个月之前，那些未被维尔奇科捕获的亿万只知更鸟则会掠过法兰克福，向南飞往北非。每年，当它们飞过地中海南部时，大约会有150万只知更鸟会被非法捕捉、杀死、食用。塞浦路斯的猎鸟行为最为严重：歌鸟是当地岛屿上的一种美食，鸟类被残酷地捕获，经受漫长难耐的死亡过程后变成一盘价值40欧元的菜肴——卤歌鸟（ambelopoulia）。

这并不是说，被维尔奇科捕获的鸟在法兰克福过冬就完全不会感到紧张。事实上，这些鸟被囚禁在埃姆伦漏斗形鸟笼（Emlen funnel）中，鸟笼的下部是一个大型的平底盘，上部是锥形的罩子。罩子的侧壁上贴有纸张，底盘上铺有印泥，鸟就站在盘底的印泥上。然后，你可以做你想做的任何事情，比如，把鸟笼放置在天文馆的中心。鸟看着头顶的星星，会试图向某个方向飞去。这样，它会撞到侧边的纸张上，爪子会在纸张上留下痕迹，痕迹能显示出它想要飞去的方向。

然而，你也不必非要找一个天文馆扰乱鸟的方向感。例如，维尔奇科经常使用一种人造磁场。把知更鸟放在鸟笼中，再把鸟笼放置在一个盒子中，屏蔽掉盒子中的地球磁场，沃尔夫冈·维尔奇科让电流通过大线圈，产生另外的磁场。他可以根据自己的选择确定磁场的方向。纸张上的痕迹表明知更鸟上当了：在秋季，它们会试图朝着维尔奇科制造的向南稍微偏西的方向飞。如果在春天做这样的实验，它们会试图朝着向北稍微偏东的方向飞。为什么呢？答案似乎是：它们具有超强的量子能力。

半个世纪以前，物理学家欧文·薛定谔（Erwin Schrodinger）出版了一本书《生命是什么?》，罗斯维塔和沃尔夫冈·维尔奇科的奇怪的工作则是薛定谔所探讨的事情的延续。尽管薛定谔的这本书很薄，但它产生了巨大的影响，激励了一代物理学家——包括 DNA 结构的共同发现者弗朗西斯·克里克（Francis Crick）——开始了对生物学的研究。

与此后试图搞清这一问题的其他人一样，薛定谔没能给出合适的答案。但是，他对这个问题确实有个令人感兴趣的看法。他说，"需要回答的首要问题是，量子级的东西与生物级的东西为何存在如此大的尺寸差异？"薛定谔提出，"为什么我们的身体比原子大那么多？"

回答这一问题需要研究量子论的核心：不确定性。量子论涉及概率、可能性、也许，既不在这里又不在那里以及同时既在这里又在那里。1943 年，薛定谔在都柏林讲课，他后来将讲课的内容写成了《生命是什么?》。这一时期，物理学家利用统计学理解量子论。你无法预测单一量子的测量结果，但是，如果测量足够多的量子，则能从测量结果中发现量子的运动模式。这正是众所周知的、被爱因斯坦否定的东西，爱因斯坦曾断言："上帝绝对不会与世界玩'掷骰子'的游戏。"

薛定谔说，需要注意的是，尽管存在不确定性，但生命是稳定的。我们繁殖后代，我们的子孙都是功能完整的人，与父母非常相似——偶然的、例外的情况除外。薛定谔指出，"个体的繁殖不会出现明显的代际差异，会稳定保持数百年——每个个体都是通过两个细胞核的物质结构的传递而繁殖出来的，两个细胞核相结合形成受精卵细胞"。唯一一个更大的奇迹是，以这种方式繁殖的生物，能够收集他们所能理解的繁殖过程的足够多的信息。

薛定谔得出结论，为了能够稳定地维持生命，避免未来出现混乱，生物体必须要比组成它的原子和分子大很多。量子的表现很奇特。它们能够在同一时刻处于两种不同的状态，或者，在对其他量子进行测量的瞬间改变自己的特性。薛定谔说，"这样的事情只会妨碍生命过程的平稳机能"。他觉得，"生命的规模要足以掩盖所有怪异的量子效应"，这就是基因的尺寸让他感到吃惊的原因。

为了确定基因的尺寸，生物学家做了很多工作，当代的实验室工作人员应该为今天自己所用的技术而感谢他们。一种估算方法是测量一种苍蝇的染色体的尺寸，染色体是每个细胞核的一种特征，它携带的信息决定了生物的许多特征。研究人员认为，染色体结构一定携带信息，染色体的长度除以可遗传特征的数量再乘以它的横截面积，可估算出基因的体积。

第二种估算基因尺寸的方法是通过显微镜观察染色体。选取果蝇唾液腺中发现的最大的细胞进行观察，生物学家发现其中的染色体成条状。条纹的数量与育种试验的结果一致，据此估算出基因的数量为2000，每个条纹大约就是一个基因的尺寸。

尽管这些估算方法比较粗略，但它们至少给生物学家——也包括像薛定谔这样感兴趣的物理学家——提供了一些可利用的东西。基因的长度大约为0.3毫米，薛定谔对这一数字着迷了。基因的尺寸只是原子直径的100~200倍，包含的原子数量"肯定不会超过一百万或者几百万"。他说这是一个很小的数字，不足以将量子行为的不确定性转化为"有序的和合法的"东西。这正是生命的奇迹所在。

他是正确的，但他所依据的理由却是错误的。这确实是一个奇迹，但这种奇迹在于进化引导着自然界去利用量子论，而不是埋葬量子论。正如卡尔·萨根（Carl Sagan）很高兴地指出的那样，地球生物是从恒星燃烧的产物中产生的。在超新星爆炸中锻造过的原子，在地球上聚集并形成分子结构，进行复杂的运行，我们称之为生命过程。生命吸收燃料、存储燃料、消耗燃料。生命感知周围的环境，对感受到的事物作出反应，并去适应它。生命找到了自我繁殖的方法。在形成这些奇妙完美的过程时，进化探索出了可用于分子的量子把戏——同时在这里或者在那里，或者存在于纠缠状态，相距遥远的分子产生互相影响。一些把戏能够发挥作用并保留了下来。

进化过程比薛定谔设想的更加巧妙。例如，这就是我们对闻到屁会做出厌恶反应的最好解释。

第二次世界大战期间，盟国研制了一些奇怪的武器，其中最奇怪的莫过于针对人类的臭气弹。这种炸弹称为"我是谁"，它的作用是使战士的衣服变得恶臭，没人愿意与他一起作战。化学家很难找到合适的配方，所以这种炸弹从未使用。但是，现在有人又在尝试制造这种武器。

美国政府将"我是谁"的气味——腐败的尸体与其他刺激性硫黄气味的混合气味——与另外一种独家研制的气味（标准浴室恶臭）混合。政府的化学家利用这种超恶心的排泄物气味进行试验，验证清除剂的效果。"我是谁"与标准浴室恶臭混合后，会产生令人讨厌的、非常难闻的气味，能驱散骚乱的人群。美国军方将其称为调和物——归类为非致命武器——一种"失能复合物"。美国计划将这种武器像炮弹一样进行发射，迫使躲在坚固工事里的恐怖分子主动走出，缴械投降。

没有人能够忍受腐败的肉类与排泄物的气味——这具有充分的理由。进化使人类有了嗅觉，嗅觉有助于人类的生存。实际上，难闻的气味是由细菌产生的，如果你沾染的细菌太多，会要了你的命。即使靠近难闻的气味，也会引起呕吐，因为人们害怕吸入有害物。

有人们讨厌的气味，就有人们喜欢的气味。卢卡·图林（Luca Turin）说，"有朝一日，科学家或者诗人一定能搞清楚人们喜欢十碳（烯）乙醇和乙醛的原因"。那就是我们闻到的薰衣草、玫瑰和柠檬的气味。上面的话来自卢卡·图林与香味专家、收藏家塔尼亚·桑切斯（Tania Sanchez）合著的《芳香》，这是一本非常吸引人的、令人快乐的巨著。图林是一位生物物理学家，他着迷于人们对香味感兴趣的事实。而香味的进化是为了吸引授粉昆虫——图林指出，授粉昆虫很小，人们几乎注意不到。在设置这个问题时，图林也许有些虚伪，因为他已经快拿到答案了。事实上，可以肯定地说，解决这一问题的将是科学家而不是诗人，这个人一定是图林，他专研气味科学（在学术领域，气味科学通常称为令人尊敬的"嗅觉"学科）。授粉昆虫与人类之间有怎样的联系？答案是，量子鼻子。

你的鼻子有450个嗅觉感受器——从大脑垂下的附属体，将气味分子转换成一种信号，告诉你周围环境中存在着什么。气味分子有不同的形状，这引导嗅觉研究人员提出了关于气味的"锁－钥"机理的观点。这种观点很简单：气味分子是钥匙，它的形状意味着它只能与特定感受器的锁相匹配。将钥匙插入锁孔，就接通了电路，向大脑发送一种信号，我们即闻到了一种特定的气味，这种气味与特定的感受器有关。

这似乎是一种完美的观点，但它存在一个致命缺陷。人类能够辨别大约100 000种不同的气味。450个嗅觉感受器如何做到这点？

很显然，这是不可能的。然而，这不是科学亟待解决的问题。实际情况是，对嗅觉的研究远少于对视觉的研究。丧失嗅觉的人——称为嗅觉丧失症——通常情况下只能得到较少的关照，因为丧失嗅觉不会降低人的能力，或者说这种情况很常见，不值得给予过多关注，医学也无能为力。另外，香水行业与酿酒行业很类似——他们知道如何把事情做好，不需要气味科学家的参与就能使整个过程完美进行。实际上，对气味更深入的科学理解似乎也作用不大，这也间接意味着对这方面的研究很少。

图林是第一个对这种情况表示不满的人。20世纪70年代初，一些研究人员指出，许多分子的气味相同，但分子结构差异很大。以苦杏仁的气味为例：至少有75种看起来非常不同的化学物品具有这种气味。你无法根据嗅觉区分它们，但它们的分子结构具有很大差异。一个典型的例子是沙针醇和β–檀香脑。它们具有完全不同的分子形状，但闻起来都像檀香木发出的味道。如果这些化学物品并非被相同的感受器接收，那么，它们似乎不会具有相同气味。或者说，除非锁钥学说是错误的。

相反，有的分子具有相同的形状，似乎会被相同的感受器接收，但它们的气味却差异悬殊——例如，香草醛与异香草醛。从物理观点看，它们是异构体，它们具有相同的结构，但互为镜像。然而，吸入这两种气味，你会惊奇于它们的不同。香草醛是导致榆树在欧洲消亡的原因：它的茎皮散发的香草醛气味能吸引携带致命真菌的甲壳虫。异香草醛闻起来则更醇厚。再如R–香芹酮和S–香芹酮。R–香芹酮有留兰香气味，S–香芹酮有葛缕籽的芳香。尽管它们的结构互为镜像，但你的鼻子可以明确地分辨它们，这是什么原因呢？

还存在一种解释——这种解释比锁钥理论更早。这种解释是研究人员马尔科姆·戴森（Malcolm Dyson）提出的，他痴迷于气味，在第一次世界大战期间曾遭受过一次毒气攻击。此后，他研究芥子气和光气，利用自己的化学知识改变这些气体的分子结构。他注意到，改变气体的分子结构能明显地改变气体的气味，戴森把这归因于分子振动。他知道，分子中原子之间的连接键是有弹性的，每个键以特有的频率振动。因此，他在1937年宣布，他的鼻子肯定是感觉到了分子中"奥斯米克频率"（osmic frequencies）的变化。

这种想法实际上没有想象力，但它似乎是合理的。不管怎么说，这是大多数人的感觉。我们能够区分颜色是因为眼睛中的感受器感受到了光的不同波长。光波冲击我们的视网膜，我们能够区分这些光波，是因为光波电磁场振荡的频率不同。类似地，听觉也依赖于振动——进入内耳的声波对内耳中的绒毛产生压力。女高音利用快速的振动冲击我们的耳膜，男中音在空气中的振动较慢。在这两种情况中，人只能听到有限范围内的振动。其他动物能听到和看到不同的频率（与人类相比）。

我们知道，世界上只有两种东西具有臭蛋的气味：由氧和硫原子组成的硫醇和由硼和氢组成的硼烷，这就使戴森的理论变得更合理了。硫醇和硼烷毫无共同之处，只是分子振动频率完全相同。正如图林所说，可以确信，"这太神奇了，不可能是巧合"。

然而，令人遗憾的是，没有多少人关注戴森。当有人提出气味的锁－钥机理时，它很快就成为了这一领域里的先驱理论，锁－钥机理比振动机理更具有可感知性。然而，图林承认，锁－钥机理并不能解释所有的问题。他认为，现在应该回到戴森的振动机理——但是是量子的扭转。

图林的聪明的做法是，寻找两种分子结构，证明每次试验中具有相同的结构却能散发出不同的气味。他在苯乙酮和苯乙酮－d8 中发现了他所寻找的东西。

这两种化合物比正常的异构体更相似，即使化学工作者也无法区分它们。利用超级显微镜进行观察，也看不出差异。它们的分子只有极细微的一点差异。苯乙酮中氢原子的原子核只有一个质子；苯乙酮－d8 的氢原子是重氢，或者说是氘，带有一个质子和一个中子，因此它的分子是氘化的。

这是所能找到且能实现的最微小的变化，但它产生了重要的结果，尤其是在与振动机理相比较时。我们可以研究一个分子的组成，测定原子中连接键振动的固有频率。正常苯乙酮有一个碳－氢键，以特定的频率摇摆。氘化的苯乙酮具有相同碳－氢键，但是由于氢原子中存在的中子，它的振动频率不同。

事实上，这个中子的存在使这种碳－氢键的振动频率与碳－氮键的振动频率相同。这就形成了一个非常有趣的事实：氘化苯乙酮具有更加浓烈的苦杏仁气味；而主要含有碳－氮键的苯基氰是苦杏仁气味的主要候选者。

氘化苯乙酮与非氘化苯乙酮的气味存在差异。与苯乙酮相比，中子的存在使氘化苯乙酮能让图林的经过训练的鼻子闻到果香，而少了一些"甲苯的气味"。然而，尽管氘化效应对我们来说很细微、主观，但这种效应对苍蝇影响巨大。2011 年，图林和他的同事发表了一篇论文，描述他们如何选择苍蝇作为"公正客观的受验者"来区分振动机理与锁－钥机理。苍蝇不仅能清楚地辨别异构体之间的差异，也能辨别正常苯乙酮与氘化苯乙酮之间的差异。他们的结论很明确："苍蝇可以嗅到分子振动。"然而，真正有意思的事情是，振动嗅觉的观点只有在量子论的框架下才成立。

量子论认为，原子内的电子只能保持特定的能量。例如，你想发射一个电子使它将一个信号带入大脑，必须给它施加精确的能量——不能多也不能少。同样的准则也适用于光电效应，阿尔伯特·爱因斯坦（Albert Einstein）因光电效应获得了诺贝尔奖。爱因斯坦的研究表明，以一定能量的光线照射金属，可使电子脱离金属表面。光子能量不正确——不管是高了还是低了——不会产生电流，不管有多少光子撞击到金属表面。我们知道，分子内键的振动也存在这种量子效应，或者说是信号处理效应。量子需要获得最低的能量才能运动——以低于最低能量的能量撞击量子，量子会保持不动。

图林的观点是，这些量子条件意味着，当分子键的振动能与从感受器发送信号到大脑所需的能量产生共振时，进入嗅觉感受器的分子才能接通感受器。这样，电子可以在分子与感受器之间进行一次量子"隧道"机动，传送一系列信号，大脑将这些信号解释为具体的气味。

对于气味研究人员来说，这还是一个未经证实的观点。科学的壁垒很高，在嗅觉的量子机理（这是唯一一种符合所有观察到的事实的观点，但还不够完美）被承认之前，图林必须拿出一个嗅觉感受器并演示它的量子特性——它只能被一种频率激活，而不能被其他频率激活。这是一个艰巨的任务，图林正在努力工作。

然而，值得再次说明的是，没有这种量子解释时，我们完全不了解嗅觉。这是量子生物学展柜中的 1 号展品。向窗外望去，你肯定会看到 2 号展品：下垂的树叶。

如果有机会，你可以读读莎拉·梅特兰（Sarah Maitland）**诱人而惊恐的小说《苔藓女巫》**（*The Moss Witch*）。小说描述了一位胡须为"冻死的欧洲蕨颜色"的植物学家与一种奇特的具有魔力的生物的遭遇，这种生物能控制木头上的苔藓。

苔藓女巫与植物学家对话时，会说出哀婉动人的句子。她与植物学家在树林中相遇，她是当地人，她向植物学家诉说了自己的忧愁：进化遗忘了她，没有给她制造同伴，即使通过克隆也无法实现。她说，"这是进化存在的一个问题——有失有得"。最后，梅特兰告诉我们，苔藓——与苔藓女巫——学会了接受它们在自然界中低下的位置。"苔藓女巫与苔藓一样，不能竞争，只能退却"。

进化的得失使苔藓在我们认为的一些理所当然的东西面前退却了，这就是树叶。树叶是我们生活的资源，因为它提供了储存能量的一种形式，我们可以对这些存储的能量作转化处理。如果没有树叶，很难想象我们和其他动物如何能在地球的进化过程中产生出来。

事实表明，树叶是一种卓越的技术碎片。光以量子能束的形式落在叶子上，我们将这种量子能束称为光子。明亮的日光每秒会带给一片树叶数千万亿的光子。几乎每个红色的光子都能被捕获，它携带的能量被转化吸收。

我们来追踪一下能量在植物中走过的路径。第一站是"天线"，是由数十万个叶绿素分子组成的"装置"。被光子撞击后，叶绿素内的电子处于"受激"状态，利用额外的能量跳出"天线"，到达"桥梁"区域。"桥梁"区域由复杂排列的叶绿素分子组成,你可以把它想象为相互缠绕的索桥,顺着一条索桥能到达重要的"反应中心"。

电子到达反应中心后,释放出永久分离的电荷,即可被存储的能量(如同对蓄电池充电,使它成为有用的电源)。这样,能量被安全可靠地存储起来,随时可供植物使用。这里有一个"陷阱"——反应中心是一个几乎不可能达到的地方。

通过"桥梁"是一场噩梦,必须快速通过。如果光子找到反应中心花费的时间太长,不稳定的索桥迷宫会吸收掉光子的能量:一个能量束只有大约 1 毫微秒的时间通过"桥梁"。有些光子会恰巧碰上正确的通道,及时通过"桥梁";然而,大多数光子无法通过"桥梁"。这就是量子把戏,由格雷戈里·索科尔斯(Gregory Scholes)研究小组提出。

索科尔斯不是不修边幅的植物学家,他没留胡须,也没有冻死的欧洲蕨一样的面色。登录他的科研小组的网址,你会发现索科尔斯穿着普拉达皮鞋和明星常穿的那种衬衫。大学生们对他的评价既有喝彩("养眼!","哇!喜欢他的杜嘉班纳衣着,喜欢他的物理化学课!")也有嘲弄。一个学生说索科尔斯,"最好去教时尚课,而不是教化学课……我不能接受的是他的内裤太紧"。作为一名讲师,这样是不被广泛接受的。但是,毫无疑问的是,他的研究产生了影响。

他的研究小组在 2010 年《自然》杂志上发表的论文并未说明索科尔斯是否自己去到多伦多的海滨并从安大略湖中捞起了一些绿色的软泥。他也许是派了其他人去做了这个比较脏的工作。不管怎样,他们将海藻带回了实验室,从中提取出了植物中将光转化为储存能量的部分。然后,他们用激光脉冲照射这一部分,模拟日光的照射,并记录能量通过这一系统的次数。他们得出了怎样的结论?"我们的结果认为,被吸收的光的能量同时存留在两个位置。"

这一怪异的现象通常被称为量子叠加。这一结论已经写入了量子数学,量子数学利用在不同地方发现一个粒子的概率来描述它的位置。在某些情况下,一个粒子可以同时占据多个位置。这就证明,为了提高光合作用的效率，海藻及其进化的后代，也就是植物，利用了量子叠加，这样能量可以同时沿着所有可能的路径，到达反应中心。这样，能量就能始终准时地到达反应中心。

目前，我们知道的是，日光的光子撞击到叶子时，它的能量传递给了叶子的叶绿素分子内的电子。这些"受激"电子并不是像我们以前认为的那样通过随机蹦跳进入反应中心，而是利用量子力学的能力，同时通过所有可能的路径，进入反应中心。人们发现一些菌类也有类似的能力，例如，绿硫菌（Chlorobiumtepidium）。它们似乎也利用量子叠加，将能量传送到光合作用的反应中心。

这是一个令人兴奋的发现，因为这提高了人类实现量子叠加的可能性。有叶植物超越苔藓的部分原因是因为它们具有很多进行光合作用的"设备"。如果杂乱的生物世界通过进化过程中的尝试都能最大限度地利用量子力学的技巧，那么，我们也许可以在太阳能电池板上人为地利用这种技巧。

尽管研究人员进行了艰苦的努力，但是，我们进行光电转换的效率依然很低，远低于我们的预期。目前的光电板只能将大约接收到的光的20%转换为电能；如果你愿意支付每平方米 100 000 美元的价格，你可以将太阳能电池板的效率提高到大约 35%。虽然很难准确测量植物将光转换为电（也就是运动的电子）的效率，但它确能达到 90% 左右。90%是日光微弱时的转换效率。并且，进化过程不需支付任何费用。

需要指出的是，光合作用并不是将叶子接收的 90% 的光全部转换为存储的化学能。如果按总量计算，转换过程的效率只有大约 5%。然而，问题在于它具有的高效的潜能——通常，植物不会存储超出需求的能量，在阳光强烈时，植物进化机理使它能释放一些能量，以防过热。

欧文·薛定谔很有洞察力，他经过分析认为，生物细胞的数量必须足够多，才能避免量子论不利的一面。然而，他没有想到，量子怪异行为的有利的方面也是有用的——实际上对我们所有人都有用。正是量子的怪异行为使植物能接收光能并能将其存储在细胞内。这些储存的能量是地球上生命的基础：几乎每种生物都依赖于植物的收获——这种收获本身依赖于量子的怪异行为。

我知道你现在正在想什么：知更鸟戴眼罩或许比量子行为更怪异。现在，我们回过头来看看维尔奇科对鸟的研究。

如果你想要知道沃尔夫冈·维尔奇科的样子，想想圣诞老人就知道了——看看他与知更鸟和冬天的长久的联系，就知道这样的想法是合理的。1965 年，维尔奇科发表了他的第一篇重要论文，这篇论文表明，知更鸟在冬天利用磁感能力向南迁徙。然而，维尔奇科自己参考的文章到 1968 年才发表。这篇文章是用德语写作、发表的；题目可以大概翻译为《静态磁场对欧洲知更鸟迁徙方向的影响》。

将知更鸟放置在埃姆伦漏斗形鸟笼中，然后改变人造磁场的方向，维尔奇科获得了很多惊人的发现。首先，知更鸟的罗盘不同于我们所知的罗盘。人类的罗盘指向地磁北极，而知更鸟的罗盘感应磁场相对于地球表面的方向。往北飞行时，它沿着磁场的一个方向飞，这个方向上的磁场强度保持恒定。飞往赤道时，它沿着距离地球表面一定高度、磁场强度恒定的一条线——类似于地图上的等高线——飞行。

他的第二个发现是，知更鸟只能在一个很小的强度范围内感受到磁场。如果磁场的强度太弱，知更鸟将无法定向。更有趣的是，存在一定的阈值，低于该值时，知更鸟无法感知磁场。磁场太强时，知更鸟也无法感知。

维尔奇科注意到，知更鸟需要一些光线才能定向且必须是特定颜色的光——蓝绿色。最后的奇异的观察结果是——这也是眼罩的由来——这种光必须进入知更鸟的右眼。盖住知更鸟的左眼，它依然能导航；盖住它的右眼，它无法进行导航。

这一线索引起了一些量子物理学家的注意。到目前为止，只有他们对维尔奇科的所有观察结果持有一致的解释。为此，维尔奇科在 2010 年在去布鲁塞尔的行程的最后面见了索斯藤·里茨（Thorsten Ritz）。

里茨也是德国人，他在加利福尼亚大学尔湾校区工作。里茨、沃尔夫冈和罗斯维塔到布鲁塞尔参加 2010 年的索尔韦化学会议。这是一个声望很高的会议，它的历史可追溯到 1911 年。当时，很多科学家（包括阿尔伯特·爱因斯坦、亨利·庞加莱和玛丽·居里）会聚一起，讨论传统物理学与量子物理学的协调发展问题。在第五届索尔韦会议上，爱因斯坦表达了对量子论统计学特性的厌恶，他说，上帝不会与世界玩"掷骰子"的游戏。

2010 年的会议不是讨论问题，而是讨论一种复杂的可能性："化学和生物学中的量子效应。"应大会主席的邀请，里茨和维尔奇科在装饰华丽的大都会酒店（Hotel Metropole）的高级房间（Excelsior Room）介绍了他们的观察结果、想法和论点。他们说，对鸟类导航的最好解释涉及量子力学。

我们需要从磷光现象开始进行解释。也许你，或者你屋里的其他人，有一些能在黑暗中看见发光的星星，它们在关闭灯光后会发出微弱的、奇异的光。这就是磷光现象，它的原理就是量子准则。

如果原子核周围的电子具有某些特定的排列结构，那么，这种原子就能存储光能然后慢慢释放。这一过程要求其中的一个电子利用光能进入"三重"态。这个电子利用能量爬升到一个窄波束，开始沿着波束运动。这个电子最终会回到原来的状态——发射光能以后——但它不会立刻发射光能。电子落回原来状态之前的持续时间是随机的，就像铀块辐射放射性粒子那样具有随机性。具体时间内"衰减"的概率可由量子方程确定。

根据里茨的理论，知更鸟眼睛中发生的过程与磷光现象一样。蓝绿色光——只能是蓝绿色光——中的能量正好能使一个电子进入三重态。这个电子来自何处？它来自隐花色素，也就是鸟的视网膜中的蛋白质分子，它们在电信号的作用下能对电磁辐射做出反应。植物也有隐花色素，植物的隐花色素使花卉能随着太阳转动，某些植物的隐花色素存在对磁场的响应。

隐花色素中，发挥这一作用的电子起初是作为一个电子对中的一个电子存在的，这种电子对也称为"自由基对"，因为它的存在使分子变得非常的活跃。当一个电子被蓝绿色光激发到三重态时，两个电子在物理上是相互分离的，存在于分子中不同的位置。然而，它们依然相互关联，或者说"纠缠"。改变一个电子的状态，会引起另一个电子状态的改变。在磁场中，这会导致它们存在于明显的略微不同的磁场强度和方向，使它们之间产生了一种量子"应变"。正是这种应变使鸟有了磁感。

对这一想法的最初认识是，处于激发态的电子快速"衰减"到原始位置，发出一个能量脉冲，鸟能将这种能量脉冲转变为某种信号。然而，实验表明，自由基对能维持很长的时间——数十微秒。这意味着能量脉冲通常达不到发挥作用的量级；相反，更好的解释似乎是，两个电子之间长久存在的应变使知更鸟对世界有了一个持久的、增强的体验。目前的推测认为，由于磁场引起了知更鸟正常视觉的畸变，所以它们能看到磁场。

你利用一张空白纸和一个极化光过滤器也能找到这种感觉。或者，在电脑屏幕上拉动一个空白的 Word 文件，也会有这样的感觉——液晶屏幕本身带有偏振器。你眼睛后部感应蓝光的叶黄素分子的排列方式使你能够看到极化光，这与知更鸟看到磁场的原理相同。恒星的白色极化光可以在人们——至少有一些人——的视野中产生黄色"领结"形状，这种幻景称被为海丁格尔刷。你把屏幕或者偏振器旋转 90 度，你会发现"领结"也会随之转动。它是叠加在你的视觉上的，就像导航仪和一些昂贵的卫星导航使用的平视显示器一样。在进化历史中的某个点上，我们的祖先失去了感应磁场的能力，我们也就失去了看到极化光的能力。然而，有些动物保留了这种超灵敏的能力，作为在冬天严酷的条件下生存的手段——至少知更鸟是这样的。尽管薛定谔具有最好的直觉，但进化过程已应用了量子论。

这是一种令人兴奋的可能。我们前面提到过，这种发现有可能帮助我们制造更好的太阳能电池板。它还可能帮助我们实现制造可用的量子计算机。量子计算机是一种具有超强能力的机器，它依赖于我们对量子叠加和量子纠缠现象的利用，我将在下一章对此作深入讨论。然而，说起来容易做起来却很难。

我们一直在努力，希望能控制量子世界。目前，我们只能在特殊设计的实验室中做到这点，我们在实验室中排除了对量子系统各种可能的扰动。只有当涉及的原子保持在非常低的温度时，接近于绝对零度（−273℃）时，量子计算才能进行。在如此低的温度下，分子振动已经停止，也没有能量扰动纠缠在一起的、正在进行叠加的物质的量子态。我们设计了巧妙的方法研究量子电路，不会引起系统丢失信息，丢失信息会导致叠加态在计算完成之前坍塌。

事实上，知更鸟愉快地从欧洲飞到北非，又从北非返回欧洲，并未出现量子叠加态的坍塌。如果知更鸟利用了量子技巧进行世界范围的导航且不需要庞大的冰箱或者灵巧的悬挂系统，那么，未来十年，量子生物学的研究将任重道远。现在，我们开始讨论量子论对生物学的不同影响——这种观点认为，我们只是宇宙边缘投影出来的全息图。请你做好心理准备：我们关于宇宙现实的新观点或许会给你带来巨大的心理冲击。

8 现实机器

我们的宇宙是一台计算机，我们是程序设计员

我们是宇宙认识自身的一条通路。

——卡尔·萨根（Carl Sagan），《宇宙》（*Cosmos*）

在新加坡闷热的夜晚，弗拉特科·韦德拉尔（Vlatko Vedral）有时会坐在克拉克码头的酒吧里，面前的桌子上放着一杯啤酒，手里的雪茄闪着微光。入夜后的克拉克码头充满活力，这里挤满了年轻人以及从玻璃和钢铁构成的高大楼宇中刚下班的工作人员。这里灯光亮丽，与新加坡其他地方一样，非常干净卫生。晚睡的儿童在开心地玩耍，发出笑声和尖叫声，码头中心位置的圆形装饰物上的喷嘴不时地喷出水花。酒吧中传出音乐的旋律，玩蹦极的人被巨大的托架弹向黝黑的天空，发出刺耳的尖叫。

韦德拉尔是一位物理学家，出生于塞尔维亚。他个头高大，善于思考，此时，他正站在高地人酒吧前昏暗的灯光里，观察着眼前的景象。可以确信的是，只要弗拉特科·韦德拉尔醒着，就不会停止思考。他手中雪茄中烟叶的干燥细胞在慢慢地燃烧，他想得最多的是信息。

"自然界的规律是关于信息的信息，除此之外，就是一片黑暗。这是人们了解现实的通道。"这是弗拉特科·韦德拉尔对宇宙的看法。他认为，"信息是宇宙中比物质和能量更基本的一个量"。这对我们每人都

123

具有非常特别的含义，因为我们处理、综合并观察这些信息，才能构建我们周围的现实世界。

在韦德拉尔的大脑中，信息就是一切，一切都是信息。即使对他自己抽的雪茄也是如此——他会描述雪茄中的烟叶，他会给出关于烟叶复杂结构的大量信息。烟叶的燃烧实际上等于烟叶细胞如何组合在一起的信息的擦除。这增加了宇宙的无序性。新加坡是地球上最有序的城市之一，韦德拉尔在新加坡抽雪茄烟是一种轻微的违法行为。

1994 年，韦德拉尔看到了几个词汇："信息是物质的"，从此开始了对信息的兴趣。 当我们想到信息时，往往会想到一些抽象的东西：考试分数或者一条新闻。新闻，其实是你大脑中神经元的某种编码，这种编码过程如同墨水在纸上写字，又或者电子屏幕上液晶像素的排列。追踪这些信息的来历，可以看出，信息并不抽象且始终处于被编码过程。信息曾经是一种完全的电子状态，携带信息的电子通过计算机内微芯片上的电路运行。在此之前，信息被写入一束激光，沿着光纤传输，始终如此。

"信息是物质的"是已去世的罗夫·兰道尔（Rolf Landauer）的呐喊。兰道尔也是物理学家，他研究信息消失的过程。承载新闻的那些光已不再存在，它的能量已转变为其他能量，所有的信息已不存在了。兰道尔讲到，擦除信息需要耗费能量，这增加了宇宙的无序状态。这就是兰道尔原理。这一原理适用于在弗拉特科·韦德拉尔手中熏烧着的烟叶，也适用于在他头脑中萦绕着的思想。对兰道尔而言，这就是人的大脑罹患癌症时所发生的情况，也是无数恒星不可避免地掉入黑洞以及冰在威士忌中融化所产生的结果。随时随地，信息都在消失。为此，一些心理缜密的人对我们是谁，我们要到哪里去，这样的问题给出了令人疑惑的答案。他们认为，我们处于一台巨大的计算机中，这台计算机就是宇宙。

在人马座东南角，隐藏在星际尘埃云雾的后面，有一个怪物：黑洞，称人马座 A 星。我们看不见它。我们之所以知道它在那里，是因为它对附近的恒星有影响。人们曾经观测到，有一颗恒星，以 5000 千米/秒的速度沿着圆形轨道，围绕银河系的这个黑暗区域运行。有十多个这样的类似天体，以不同的方式围绕着这个黑暗区域运行。这说明，这个距离地球 26 000 光年的不大的黑暗区域有着巨大的质量。

黑洞是一种令人惊讶的东西。黑洞的质量非常致密，能吸入靠近它的所有东西。如果跨入"视界面"，也即无法返回点，物质或者光线都无法逃逸。人马座 A 是个特别巨大的黑洞——超级黑洞。它的质量大约为太阳质量的 400 万倍。它有着无法逃避的引力，在其寿命期限内，它将吞没数百万甚至亿万个恒星，包括行星。

1974 年，也就是人马座 A 黑洞被发现的那年，史蒂芬·霍金（Stephen Hawking）做了一个想象实验。他将关于黑洞的已知知识与关于量子论的已知知识进行综合，得出了一个令所有人感到惊奇的发现。

量子论的一个确定的特点是，任何东西都不会有确定的存在，当你正好去观察的时候，它"可能"在那里。在量子世界，你将一本书放在桌子上，你会发现书不在桌子上，它已掉到了地上。这是一件非常荒谬的事情，但它是可能发生的。与书在桌子上消失一样，质点也会突然出现。这听起来非常荒谬，但量子论的"不定性原理"认为这是可能发生的。在整个宇宙，在你的面前，就在现在，一对粒子——一个粒子和它的反粒子——在亿万分之一秒的时间内突然出现，然后相互湮灭，在原来存在的地方留下一个微小的空的空间。

霍金设想了那些粒子对在黑洞视界面上进入存在状态时所发生的情况。大多数粒子对相遇后发生湮灭，但确实存在一种可能，一对粒子横跨了视界面——视界面之内的那个粒子被吸入黑洞中心，面临毁灭；视界面之外的那个粒子自由地漂浮出去。实际上，黑洞确实会发射出很少的一些粒子。

霍金知道这是一个具有革命性的想法。如果黑洞在其亿万年的生命周期内释放出一束粒子，那么，这些粒子必定从某处获得了能量。他推论，这个过程终会使黑洞的能量消耗殆尽，使黑洞出现收缩。他说，黑洞最终将化为乌有。

如果人马座 A 黑洞慢慢消失，会出现另一个令人疑惑的问题。当它消失的时候，它所吞入的那些信息去了哪里？人类依然在寻找这个问题的答案。

"我们知道，史蒂芬是迄今为止地球上最固执的、最令人气愤的人。"莱昂纳德·萨斯坎德（Leonard Susskind）在史蒂芬·霍金60岁生日宴会上如此说道。

他们的首次见面是在沃纳·埃哈德（Werner Erhard）的家里，进行了一次奇特的思想交流。据《金融时报》报道，埃哈德是"美国首屈一指的自助大师"，他曾邀请许多名人，例如，雪儿（Cher）、约翰·丹佛（John Denver）和戴安娜·罗斯（Diana Ross）参加他的节目，讨论人生难题，并因此出名。埃哈德的思想受到禅宗的启发，他关注的是如何处理好你现在所有的东西，而不是担心你所没有的东西。他首次提出"感谢共享"，鼓励和奖励那些贡献了自己的想法和见解、产生巨大良好影响的人。

埃哈德喜爱物理学。他喜欢把物理学家召集起来，倾听他们的谈话，从中吸收科学智慧。事实表明，他确实得到了一些启发。1981 年，霍金和萨斯坎德参加了埃哈德的一次聚会。埃哈德让他们讨论霍金的公开声明："信息会在黑洞中消失。"霍金并没有做出这样的断言，他只是从数学上证明了这点，并提出了建议。有证据表明，萨斯坎德拒绝了这样的建议。他告诉霍金，他不接受这样的建议，霍金微笑着发表了自己的意见。萨斯坎德留着胡子，目光炯炯，充满智慧，他并不感谢霍金的分享。

萨斯坎德在此后的 20 年里一直致力于证明霍金的错误。他的研究结果是，宇宙是暂时存在的，是一个像幽灵一样的幻景。是的，桌子在看似荒谬的情况下会从现实中消失。但是，这并不是问题的全部。事实表明，桌子——你周围的任何东西——只是一张全息图。

全息图是非常难以理解的——不管从哪个方面来看。全息图会欺骗人们的眼睛，它使光线具有某些特性，使人们认为物体是真实的。当我们不考虑光线的数学特性而试图理解全息图的构成时，它会迷惑我们的心理。简单来说，全息图通过记录光线从不同的点到达你的眼睛的不同距离，收集物体上不同点之间的距离的所有信息。所有这些信息经过编码进入激光器发出的光线，产生全息图。这些激光束的相互作用产生物体位于你前面的幻景。

讲到全息图，你也许会想起《星球大战》中 R2 - D2 机器人投射出莱娅公主的全息照片的镜头。问题是，我们都知道，全息照片只是莱娅公主的图像。如果我们以及我们的现实世界也是一张全息图，那么，这种投影来自何处？投射我们世界的 R2 - D2 机器人位于何处？真实的我们又位于何处？一位名字叫胡安·马尔达西那（Juan Maldacena）的谦逊的阿根廷物理学家给出了这一问题的答案——该答案至少改变了史蒂芬·霍金的观点。

霍金和萨斯坎德争论了许多年，他们持有相反观点且互不妥协。霍金是这一领域的杰出人物，喜欢嘲弄别人，这使萨斯坎德感到愤怒。"我是对的，你是错的"萨斯坎德这么说。2008 年，在接受《洛杉矶时报》采访时，他说，"我喜欢这家伙，但我想掐住他的脖子摇一摇"。后来，胡安·马尔达西那（Juan Maldacena）打破了两人之间的僵局。

马尔达西那研究弦理论，尝试用数学和几何理论表明纯能量如何形成构成宇宙的"砌块"。研究弦理论的科学家希望能制造出一个理论宇宙，这个宇宙与我们宇宙的样子和行为完全相同。如果他们能做到这点，我们就能了解人类的起源。

1997 年，马尔达西那获得了一个巨大的突破——虽然不像起初想象的那么巨大。他创造了一个能够运行的具有五维空间的弦理论宇宙，比我们现在栖息的三维空间多出了两维。他后来的研究表明，这个五维宇宙中的物理学定律与其他宇宙（只有四个维度的空间）中的物理学定律相同。令人感兴趣的是，与包围三维物体的球体的二维表面一样，四维提供了包围五维宇宙的壳。

如果物体表面上的物理学定律与物体内部的物理学定律相同，那么，物体的全部信息都存在于它的表面上。这就相当于发现：苹果皮含有苹果内部的所有特征——种子、果肉与果核。换句话说，你可以从物体的表面获知其全部的特征和性质。

马尔达西那改变了霍金的观点，这多少使萨斯坎德感到有些懊恼——萨斯坎德也是一位研究弦理论的专家。毕竟，萨斯坎德已经在这方面争论了很多年。他第一个提出黑洞内部物理性质与其表面物理性质之间的联系，即，内部的信息量与球形视界面（极限点）的面积成正比。他甚至提到，通过霍金辐射逃逸的信息会在视界面上留下痕迹，避免了黑洞湮灭时那种令人讨厌的消亡。马尔达西那的数学方法做到了萨斯坎德的论证所无法证明的东西。2004 年 7 月，霍金给将于当月在都柏林举办的"第十七届广义相对论和引力国际会议"发去了一封短信，写道，"我已经解决了黑洞信息悖论，我想谈谈这个问题"。

霍金的说法也许有点言过其实。霍金的工作是在其他许多人工作的基础上完成的，而且，他在都柏林给出的答案并不完整。我们现在已经很清楚地知道，黑洞如何在视界面上保留消息。他告诉我们的是，这一原理正在创造着我们的现实世界。构成我们存在的所有信息——烟叶的结构、银河系恒星的分布、莱昂纳德·萨斯坎德的胡须的基因构成、史蒂芬·霍金的声音合成器的程序——都存在于我们宇宙的边界。并且，德国乡下的一次物理实验的意外结果，已经为我们提供了一些支持证据。

1995 年 9 月 4 日，计算机程序员皮埃尔·梅德耶（Pierre Midyear）创立了一家小公司，名为"竞拍网"（AuctionWeb）。同日，一台大型红色挖掘机开进了德国的一处工地开始挖沟，这一事件对人类的影响远超

"竞拍网"（AuctionWeb）——现称"易贝"（eBay）——所期望的影响。

这次挖沟是为了实施 GEO600 项目，这是一项英德联合研究计划，旨在寻找空间和时间的涟漪。爱因斯坦的广义相对论预测了时间和空间中存在涟漪。广义相对论指出，剧烈的宇宙事件，例如，遥远星系中两个黑洞的融合，会在宇宙结构中形成涟漪。还没有人在地球上测到过引力波。但是，GEO600 已探测到了比宇宙振动更有意义的东西。它似乎已经发现了现实世界的本质。

GEO600 并不是欧洲粒子物理研究所的大型强子碰撞机那样的大型设施。看到它的人都会觉得它只是汉诺威南部乡下几间铁灰色的小房子。壮观的场景位于地下隧道，有两条相互垂直的隧道，各长 600 米。当探测器工作时，研究小组利用隧道中的激光束探测空间的微小摆动。它能够测量到附近道路上车辆的噪声，甚至能测量到头顶飘过的大块云朵。要使这套设备成功运行，必须确保上述"噪声"源不会对测量活动造成干扰。遗憾的是，当设备运行时，探测器被大量不知来源的噪声"淹没"了。不知哪里来的不该有的信号，但又无法消除。

刚开始的时候，这种噪声使探测器的运营者卡斯滕·丹茨曼（Karsten Danzmann）深受打击——他认为这表明设备存在缺陷。后来，克雷格·霍根（Craig Hogan）加入了该项目。

费米实验室是美国研究基础物理的主要实验室，霍根当时是费米实验室的主管，他一直在寻求全息原理的本质。他惊叹于这样的说法：我们宇宙的所有内容来源于以编码形式存在于宇宙外壳上的某种东西。他的第一个结论是，只能有这么多的信息在游动。如果你想在宇宙的外壳上标注一段信息，肯定有大量的空间供你标注。但是，可用的空间不是无限的。这意味着，宇宙本身不可能无限地被细分。就像一张照片，如果你把它不断地放大，最后会变成模糊的颗粒。霍根做了一些计算，准确地发现了宇宙从何处开始显露出自己的"像素"。然后，他到处寻找仪器，希望够在这样的水平上进行测量。他无意中发现了 GEO600。

空间和时间的"模糊"会表现为不同的效果，这取决于你的测量方法。GEO600 利用放置在 600 米隧道端头的镜子反射的激光进行测量。这些反射能使光分布在较大的频率范围内。霍根通过研究发现，宇宙边界上的有限信息，也就是空间和时间的"像素"，能在镜子的确定位置形成一个"模糊点"。他的研究确定出：对于每个频率，这种"模糊点"具有不同的光强，这样就得出了一个"能谱"。霍根把自己发现的能谱送给了丹茨曼，丹茨曼回信表示感到震惊。这正是困扰丹茨曼的噪声。

或者，这至少看起来像困扰他的噪声。他们的结果非常接近，因此，霍根和丹茨曼都受到了鼓舞。但是，我们仍然不能确信——因此，霍根在费米实验室建造了一个专用的全息宇宙探测器。他想确认：我们是否是来自空间和时间边缘的投影。目前，还没有答案。

我们暂且放下这个话题。我们基于公认的宇宙的基本原理——信息依附于物理的东西，物理的东西在不停地移动和变形——发现了一个令人惊异的新观点：每个比特的信息都来自于宇宙外壳上某一点的投影。基本的、原始的信息是不变的，是我们看到的信息在移动和变化，就像雪茄的燃烧和黑洞吞没恒星。我们在观看一场电影，至少从我的观点来看，我们都是演员。这部电影的投影仪就位于宇宙的边缘。这部电影的内容是什么？是计算。

这是一种前所未有的想法。在《银河系漫游指南》中，道格拉斯·亚当斯（Douglas Adams）把我们的地球描述为一台巨型计算机的组成部分，这台巨型计算机被用来寻找生命、宇宙和一切事物的答案。然而，道格拉斯的想象力似乎还不够大。如果我们渺小的地球上的那些最聪明的大脑是正确的，那么，整体宇宙就是一台计算机。

也许，亚当斯认为我们还没做好准备接受这样的想法。他当然知道这一点，《银河系漫游指南》中计算机"深思"的灵感来自艾萨克·阿西莫夫（Isaac Asimov）的小说《最后的问题》（在小说中，人类设法逆转宇宙中持续增加的无序状态）。出版于 1956 年的《最后的问题》是一部杰作：故事开始于酒酣之际的 5 美元赌局，结尾时人类被宇宙的巨大智慧吞没，故事情节曲折紧凑，大约半小时就能浏览一遍。阿西莫夫说，这是迄今为止他最喜欢的一部作品。

1956 年，一个名叫爱德华·弗雷德金（Edward Fredkin）的年轻人首次接触了计算机；阿西莫夫坚称自己首次提出了宇宙是一台计算机的想法；德国计算先驱康拉德·楚泽（Conrad Zuse）坚称是自己首次提出了宇宙如何起源于数学计算。事实上，弗雷德金是目前公认的提出这种设想的人。弗雷德金是一位千万富翁，拥有加勒比海的一个岛屿，曾是战斗机飞行员，也担任过麻省理工学院的教授。但这些都只是纸上谈兵。

弗雷德金的构想中没有空间和时间，也没有基本粒子——电子、光子、中子、夸克。所有的东西都是细小的信息像素，就像立体电视的三维图像。电视信号决定着电视图像像素的开或者关，宇宙中临近的像素决定着每个像素的状态。

就像电视的像素可以组成一张人脸或者一个行星的图像一样，弗雷德金的基本信息像素可以产生粒子或者力。其差异在于，它不仅是粒子或者力的图像，它是真实存在的。

这些粒子的行为方式是由邻近像素的开关状态决定的。构成电子的负电荷的像素所遵循的规则是，"电子"会向着构成带有正电的质子的像素运动。并不是像素本身在运动，而是像电视一样，是光在运动。它只不过是像素的"开""关"的模式在运动，就像一群人站起或者坐下所形成的墨西哥人浪。弗雷德金认为，这种简单的设置产生了所有的物理过程。

他将这称为"数字化物理学"，因为它产生于像素的两个不同状态。弗雷德金的宇宙是不连续的，一切都是二进制的。他认为，技术的进展已经使我们进入了一个新时代，我们利用相同的基本思想完成文明社会的大多数日常任务，这不是一种巧合。如果这就是宇宙的运行方式，那么不可避免的是，我们最终将会采用同样的方法构造所有的东西。

在这里需要说明的是，并不是每个从事科学研究的人都认为弗雷德金是天才，很多人并未听说过他。听说过他的大多数人都认为，他是一个古怪的人，他的一些思想确实有意思但也存在缺陷。例如，1974 年，令人尊敬的物理学家理查德·费曼（Richard Feynman）将弗雷德金带到了加州理工学院。他想了解弗雷德金知道的所有计算知识，看看能否应用到物理学中。费曼曾说过，"如果有人提出研究物理学的新的和卓有成效的方法，这个人将是弗雷德金"。但是，到最后，即使费曼也变得不再认同弗雷德金的观点。

弗雷德金一直都是一个旁观者。在学校的时候，他就是一个不合群的人，总是最后一个被某个小组接收。每个小组都不愿意要他，他们宁愿少一个人。在不受欢迎的王国，他就是那个不受欢迎的国王。1988 年，《大西洋》杂志对他采访，弗雷德金回忆道，"我曾经占据第一的位置，但被超越了"。

目前的情况依然如此。这可能是因为，像爱因斯坦一样——而不是像费曼、萨斯坎德、韦德拉尔和其他很多人一样——爱德华·弗雷德金永远无法接受量子论。

爱因斯坦对量子论的最大质疑在于它取决于概率，它本身具有的不确定性。这是爱因斯坦著名的牢骚的根源：他说，"很简单，上帝不会与'宇宙掷骰子'"。弗雷德金也有同样的感觉："如果我们按照概率定律观察量子系统，这只能说明我们还未发现决定量子行为的所有原理。"

问题是，科学家只能遵循宇宙告诉我们的现实。到目前为止，宇宙已完全明确了随机性和不确定性的作用。研究基础材料的人几乎没有人不承认，所有东西都是模糊，包括宇宙处理信息的方法。

弗雷德金的宇宙计算机基于确定性，它的像素或者"开"或者"关"。但我们知道，宇宙的运行并不是这样的。所有的东西，从电子到原子，从力到他们的运行规律，皆遵循量子论的随机律。所以，如果宇宙是一台计算机，它绝非一台普通的计算机。像素不是"开"和"关"的简单确定状态——它既可能"开"，也可能"关"，具有概率。这样，宇宙就成为了一台量子计算机。

第一个认为宇宙是一台量子计算机的人是麻省理工学院梳着马尾发型的物理学家塞特·劳埃德（Seth Lloyd）。劳埃德性格开朗，容易相处。他性格乐观，时常讲一些小笑话，说一些俏皮话，发出憨憨的笑声。然而，他却有严肃的一面，在他的令人震惊的著作《宇宙的设计》的结尾，他充分展示了自己的严肃性。

在该书的后记中，劳埃德讲述了他如何看着自己的朋友和导师海因茨·帕格尔（Heinz Pagels）去世。1988年，他们一起去攀爬科罗拉多州14 000英尺（4 267.2米）高的皮拉米德峰。帕格尔童年患过骨髓灰质炎，一只脚踝动作不便，失足掉下山去。劳埃德没有办法，只能眼睁睁地看着帕格尔坠入深谷。

这个时刻，一直萦绕在劳埃德的心头，因为帕格尔在他的著作《宇宙代码》中曾描述过对自己死亡的预感："我最近做了一个梦，梦见自己抓着石头的表面，但石头松动了，砾石散落了。我抓住了一丛灌木，但灌木被拔了出来，我在恐怖中掉入了深渊……"

帕格尔不但设想了自己的死亡，也想到了自己的不朽："我所表达出来的东西，生命的原理，无法被摧毁……它已经写入了宇宙的代码、宇宙的指令。我坠入无限的黑暗，融入天堂的穹顶，我赞叹星星的美丽，在黑暗中归于寂静。"

劳埃德在纪念帕格尔的文章中反映了这一点。他写道，"我们并未失去他。帕格尔活着的时候，他设计了自己的宇宙碎片。计算的结果在我们周围展开"。这是一种美妙的、萦绕于心头的情绪。对劳埃德而言，他的成就远不止于此。这是迄今为止他生命中工作的顶点。

塞特·劳埃德之星一直在闪耀。罗夫·兰道尔曾想给他提供一份工作，劳埃德拒绝了，因为诺贝尔奖获得者默里·格尔曼也给他提供了一份工作。后来，劳埃德提出了第一个可以真实制造的量子计算机方案。这种计算机的设计思想非常简单——量子计算机并非用标准的电子线路存储和处理信息，而是利用遵循量子论定律的粒子对信息进行编码。标准电路表示的是开或者关——产生二进制数字的 0 或者 1——粒子的量子性质意味着它可以同时表示 0 和 1。这种现象被称为叠加，这种特殊的能力使植物能同时通过许多路径传输光能。

另一种真正的量子现象称为"纠缠"。这种能力使经过适当处理的粒子能表现出"通灵的"联系。对一个粒子的测量会改变与其纠缠的另一个粒子的测量结果，即使这两个粒子分别位于宇宙的两端。当爱因斯坦看到量子方程的这种结果时，他拒绝承认。他认为这是"远距离上的怪异作用"，声称这恰巧表明了该理论存在的错误。事实表明，爱因斯坦错了。这种远距离上的怪异作用是真实的，它使量子计算机的能力无限强大。

使三个粒子进入叠加状态，使它们纠缠在一起，你就同时得到了二进制数字 000 到 111（十进制数字 0 到 7）。利用这三个粒子执行一次计算，例如，加法运算或者乘法运算，能同时完成所有 8 个可能数字的运算。利用量子粒子计算的速度非常快，例如，我们可用其处理因数分解。

给出一个很大的数字，很难找出哪两个数相乘可得出该数。数字有它的因数，但是，找出一个大数的因数需要作不断的尝试。如果这个大数是 15，不需要太多的尝试，你可以很快发现 15 的因数是 3 和 5。但是，如果是下面这样的数字，就很困难了。

74037563479561712828046796097429573142593188889231289084936232638972765034028266276891996419625117843995894330502127585370118968098286733173273108930900552505116877063299072396380786710086096962537934650563796359

保证我们的银行存款、保证我们的网络交易、保证我们的远程通信的密码都依赖于这样很难进行因数分解的数字。上面的数字来自 RSA 安全公司的一次因数分解挑战。这个问题在 2012 年才得到解决，两个因数为：

909121352959781887844065830260043748589260831032835872042851216896041152864093336782495078836795675680614

和

81438592591100452657278091262844293358778990021676278832009141724293243601330041167020032408287779702524

获得这一答案的运算过程相当于 500 台计算机运行一年的时间。性能强大的量子计算机可以在瞬间完成这一任务。1994 年，研究人员皮特·绍尔（Peter Shor）的研究表明，按照量子物理学定律运行的计算机能轻易地解决因数分解问题，就像热刀子切黄油一样。这种功能强大的新型计算机的出现使人们立即对目前最高级的加密技术感到担忧——目前用于保护军事秘密和金融交易的密码都依赖于很难破解的因数分解。美国国家安全局立即投入了大量资金研究如何制造量子计算机，以及评估需要多长时间能制造出来。

10 年时间过去了，量子计算机依然没被制造出来。美国国家安全局的惊慌减轻了，但是，每个与保持安全标准有关的人都在密切地关注着这一领域。没有人意识到，一台巨大的、性能强大的量子计算机已经存在，我们就生活在其中。

在量子计算机层面，宇宙非常震撼。宇宙的计算通过各种方法来完成。例如，原子的跳跃可以携带和处理信息。一个原子能携带相当于 20 个二进制数字（比特）的信息量，弗雷德金曾指出，两个原子碰撞的结果相当于计算机内进行的一次信息处理。混合物内各种化学物品的浓度也能存储信息：使这些化学物品发生反应，它们可以像计算机一样处理信息。以这种观点来看，整个宇宙一直进行着计算，从未停歇。

塞特·劳埃德已经测算出宇宙计算机有多么强大。他的测算从相当于便携式计算机尺寸的一块宇宙开始。一升的宇宙——大约一千克物质——每秒钟可完成 1 051 次运算。

这样的处理能力能产生 1 033 亿比特的信息。据劳埃德测算，自时间开始以来，宇宙对 1 092 个二进制数字进行了 10 122 次运算。这些运算到底是什么？我们看到的是表现为生命过程和思维机理的化学现象和物理现象，你的行动是对宇宙的编程。劳埃德说，"我们是泥土，但我们是能够计算的泥土"。

要理解人类在宇宙运行程序中的作用，我们先来看看位于维也纳波尔兹曼大街——以路德维格·波耳兹曼的名字命名的街道——上的安东·蔡林格实验室。蔡林格团队因进行量子干涉实验而著名。人类了解干涉现象已经数百年。任何波——水波或者光波——通过小孔时，都会从小孔向外衍射。如果两个小孔离得很近，用一个光源照射这两个小孔时，它们看起来像是两个光源，而不是一个光源。在这种情况下，衍射的光波会出现干涉现象。

为了观察干涉效果，我们可以调整小孔的尺寸、小孔之间的距离和光的波长（光在一个振动周期内前进的距离）。当各个参数调节恰当时，两个光源会产生相互影响，形成明显的干涉图。如果你站在合适的距离处面对光源，就像囚犯面对行刑队那样，然后在平行于小孔的方向上侧向移动，你将看到明暗相间的现象。在某些点上，光线会互相抵消；稍微向侧边移动一点，光线又相互增强，你会看到明亮的光。继续向侧边移动，你会通过另一个暗区，此后再次进入一个新亮区。

如果把光看作一种波，这种现象就很容易解释了。当两个光源的波峰相遇时，光线最亮；波谷相遇时，光线最暗。

蔡林格的实验也产生了一些疑惑。研究人员降低光源的强度，使它一次只发射一个光的粒子——光子。每个时刻只有一个光子撞击相距很近的小孔，因此，每个时刻只有一个光子通过一个小孔。只有一个光子时，不存在干涉效应，也就没有干涉图上的亮区和暗区。

如果你看着光子通过的那个小孔，你这样做是完全合理的，在远距离上不会出现干涉图，这是真实的。奇怪的是，如果你不去观察小孔，干涉图就会出现。这时，对干涉图的出现只能有一个可能的解释——鉴于整个设备中只有一个光子，因此，光子一定是同时通过了两个小孔。

这就是量子计算机巨大能力的来源。我们已经知道，量子可以同时处于两种状态——"开"和"关"，或者"这里"和"那里"。有意思的是，当人们想观察这种怪异现象时，或者当不知道这种怪异现象的人希望记录粒子的可能状态时，这种怪异现象就消失了。这正是戴维·林德利（David Lindley）杰出的量子论著作《所有的怪异现象哪里去了?》的书名所隐含的问题。分析实验中的外围信息——特别是蔡林格团队在实验中用称为富勒烯的碳分子球代替光子——可以找出这一问题的答案。

使用富勒烯使研究人员能增加一个新的变量：温度。实验证明，加热富勒烯能消除干涉图，与观察富勒烯从哪个缝隙通过的效果完全一样。为什么呢？因为高温分子有热辐射，热辐射带有分子的位置信息。分析热辐射，你可以知道富勒烯的位置，具有一定的准确性。这就意味着，你知道它通过了哪个缝隙。这将迫使你确定出一个缝隙，而不是两个缝隙的概率，这就意味着不会出现干涉图。

不同的温度下，富勒烯会丢失不同的信息量，模糊了干涉图上明暗区域的差别。干涉图上的黑白区域变成了大象灰。

蔡林格和他的团队能计算出不同温度的富勒烯分子能发出多少热辐射，据此以确定富勒烯丢失了多少信息。然后，又据此确定了在各种不同温度下干涉图变灰的程度。他们的预测与试验结果完全符合。

由此，我们可以得出结论，光子或者富勒烯不会独立存在（只要实验设置恰当，就会发现你我也不是独立存在的），它既不是波也不是粒子。它以一种神秘的方式存在，两者都是或者两者都不是，这取决于它与环境的作用。对实验进行观察，或者在一定的温度下进行实验，会使粒子进入存在状态。其他条件会使它以波的形式存在。它的存在的确切特性取决于自身之外的东西，取决于与外部世界的信息交换。换言之，取决于与你我有关的东西，也就是"程序设计员"。

要了解我们如何对宇宙进行编程，回想一下约翰·惠勒（John Wheeler）在 1978 年首次进行的思维实验。这个实验称为"延迟选择实验"，涉及从遥远恒星来到地球的光线。地球和恒星之间存在一个巨大的星系，星系的引力场使光线产生弯曲，就像爱因斯坦的广义相对论预测的那样。

光线可以通过星系的两边到达地球。根据量子论，这意味着，光的一个光子可以按照概率通过两条路径——除非有人能观察它到底通过了哪条路径。但是，星系与地球之间的距离非常遥远，我们可以做出选择：在光子通过星系很久以后再决定是否进行观察。如果我们这么做，会发生什么情况？会出现干涉或者只有一个光子吗？在不是太晚之前，光子怎么知道是否向我们释放了信息？

在宇宙规模上很难做这样的实验，但是，利用类似于蔡林格干涉仪的设备已经在实验室完成了这样的实验。实验表明，在结果本应已经确定很久以后，实验者的选择确实可以影响实验结果。

很明显，这里存在时间问题，以及对意识到对实验进行观察的心理作用（我们在后面将讨论意识问题）的诸多疑问。惠勒指出，不管哪个答复是正确的，我们都参与了宇宙的运算过程。"物理现象引起观察者的参与，观察者的参与产生信息，信息导致物理现象"。我们处于"石头–剪子–布"的循环状态，无法找到脱离宇宙的合理方法。宇宙是一台终极计算机，宇宙产生了人类。现在，我们将这种计算应用于生命过程。卡尔·萨根（CarlSagan）曾经说过，"我们中的有些人知道我们是由此产生的。我们渴望回归。我们也能做到这一点。因为宇宙就在我们中间。我们是用宇宙材料制成的。我们是宇宙了解自身的一条通道"。

从蔡林格实验室向东南方向驱车半小时，就到了维也纳巨大的陵园——中央公墓。贝多芬、舒伯特、布兰姆和约翰·斯特劳斯都葬于此，路德维格·波耳兹曼也长眠于此。在通往陵园的圣查尔斯博罗梅奥教堂的道路右侧，波尔兹曼葬于14c组1号坟墓，墓碑上刻着波尔兹曼的著名方程式。"S = k·logW"描述了系统的熵或者无序性，这也是熵的公式。W是系统中原子的不同排列方式，k是波耳兹曼常数。这是表明热力学第二定律始终有效的一种方法。

热力学不是波耳兹曼创立的，热力学理论在波耳兹曼之前就存在，在波耳兹曼去世后依然存在，经受住了许多科学家猛烈的反对。开始时，热力学以现代的形成尝试创造更加有效的发动机，推动工业革命的进展。一个世纪以后，人们认识到了热力学第二定律的伟大价值，将它提升到了一个近乎无法触及的地位——实际上，宇宙的无序性一直没变，甚至还在增加。天文学家亚瑟·埃丁顿（Arthur Eddington）在1915年写道，"如果你发现的理论违反了热力学第二定律，你将没有任何希望。你不会得到任何结果，只能在深度的耻辱中陷入失败"。

又过去了一个世纪，热力学第二定律获得了又一个胜利：弗拉特科·韦德拉尔和他的同事分析了量子论的不定性原理，确定了从一个实体系统可以提取多少信息。他们发现，这实际上是热力学第二定律的另一种表达方式。量子论固有的概率特性与决定热力学的统计学定律有着内在联系。两者都与信息论有关。2012年，韦德拉尔（Vedral）、马尔库斯·穆勒（Markus Müller）和奥斯卡·达赫斯塔（Oscar Dahlsten）发表了一篇论文，表述了信息论、量子论和热力学似乎在某种程度上是相互关联的。该论文提出，宇宙可能存在新的理论框架，在这种理论框架中，量子论、相对性、时间和引力都是信息的物理性质的表现结果。韦德拉尔说，上帝是一位热力学家。

韦德拉尔和他的同事正在不确定性边缘进行探索——目前还无法说清楚，他们采用这种方法能够获得什么。那么，很有希望的是，在他们将我们带回到开始之前，我们还有时间修改关于宇宙的标准。我们听说过很多次的"宇宙大爆炸"的声音已经开始变小、变弱。幸运的是，我们可以修改大爆炸理论，接受宇宙在自转的观点。

9 复杂宇宙

我们关于宇宙的故事远远未写完

只有无法相信的奇特想法，没有不能发生的奇特事情。

——托马斯·哈迪（Thomas Hardy）

2013 年 3 月的一天，物理学家阿兰·古斯（Alan Guth）坐在日内瓦国际会议中心前排的绒面座椅上昏昏欲睡。他刚从波士顿飞过来，还没倒过时差，奥斯卡奖获得者摩根·弗里曼（Morgan Freeman）正对着自动提词机大谈现代物理学的成就，即使这样，阿兰·古斯也无法保持清醒。他的妻子每隔几分钟就靠近他的耳朵，轻轻地唤醒他。过不了几分钟，古斯又会陷入昏睡。他似乎不想听这些，他已登台领取了 300 万美元的支票。

这笔钱是俄罗斯亿万富翁企业家尤里·米尔纳（Yuri Milner）提供的，他设立了基础物理学奖以奖励物理学领域最伟大的思想家，尤里基础物理学奖的设置目的是超越科学界的奥斯卡——诺贝尔奖。很难想象古斯会在诺贝尔颁奖仪式上睡觉。

古斯因膨胀宇宙论获得基础物理学奖。膨胀宇宙论认为，宇宙在诞生后的初期阶段经历了快速的膨胀，这是一个很好的观点。不过，也有许多物理学家认为，该理论产生的问题比它解决的问题更多。

2008 年，在英国剑桥大学为期一周的专题讨论会上，古斯与普林斯顿高等研究院的保罗·斯坦哈特（Paul Steinhardt）吵了起来，保罗·斯坦哈特是膨胀宇宙论的有名的批评者。争吵后的一周内，他们互不理睬。另一位代表，芝加哥大学的迈克尔·特纳（Michael Turner）公开表明了自己的观点，他认为膨胀理论"缠满了胶带"，也许在 10 年之内就会崩溃。特纳的说法令人担忧，因为古斯的理论是我们关于宇宙演变的最完美故事的绝对核心。但是，膨胀并不是我们的宇宙演变历史的基础的唯一弱点。

例如，宇宙中有些元素比较丰富——最明显的就是锂——这就产生了一个问题。从我们所知道的宇宙开始时的情况来看，这种物质的原子不应该以这样的量存在。宇宙具有特定构造——大块的物质和巨大的空白空间——这种构造不符合标准的宇宙论。人们现在常常听到暗能量和暗物质的词语，这类东西似乎是存在的但却无法探测，这就意味着人类已陷入了一个宇宙幻景。还有一个发现：所有事物（包括宇宙）都在进行着自旋。标准物理学的基石，希格斯玻色子，也遇到了尴尬。位于日内瓦的欧洲粒子物理研究所的大型强子对撞机产生希格斯玻色子的方法有望获得诺贝尔奖，该方法所支持的理论排除了古斯的宇宙膨胀阶段。每当我们觉得自己处于宇宙论的黄金时代时，就会受到另一个现象的困扰，这种现象会引起这样的疑问："这又意味着什么？"，"宇宙大爆炸"似乎受到了很多"但是"的质疑。

这个故事最好的开始是讲一下一位俄罗斯男孩乔治·伽莫夫（Georgii Gamov）。乔治·伽莫夫在黑海西北海岸的敖德萨长大，该城市因 1905 的波将金起义而著名。在波将金起义中，许多居民被俄罗斯帝国的部队屠杀。俄罗斯历史上这一重大时刻之后的第 5 年，6 岁的乔治站在他家的屋顶上，看到哈雷彗星从头顶划过。他后来回忆道，"就是从那刻开始，他爱上了科学探索"。

1926 年，他迷上了正在西欧发展的量子论，他将自己的名字用罗马字母拼写为"Gamow"（伽莫夫）——他的目的是增加投送到《物理杂志》的论文被接受的机会。两年以后，他所在的大学觉得他很有前途，送他去德国学习了四个月。回国时，他中途去了哥本哈根，拜访了量子论之父尼尔斯·玻尔（Neils Bohr）。玻尔对伽莫夫印象很好，留他在哥本哈根住了一个月，第二年又安排他去了英国的剑桥大学。

直到现在，乔治·伽莫夫都很喜欢西欧，这一点在他的家乡尽人皆知。伽莫夫多次的出国科学旅行都逾期不归。每次一有机会，他都会公开嘲笑苏联科学的落后状态，树敌很多。苏联当局不只一次没收了他的护照。这样，伽莫夫有了一个意外的收获：他经常需要去护照办公室待一整天，其间遇到了他后来的妻子，物理学家罗·沃克敏泽娃（Rho Vokhminzeva）。

此后的几年里，他们制订了一个偷渡离开苏联的计划。1932 年春，伽莫夫和妻子准备划着独木舟横渡黑海，遗憾的是，他们遇到了暴风雨，不得不中途放弃。到了当年 11 月，一次平淡的谈话给了伽莫夫夫妇逃离苏联的机会。他们从此再未回国。

伽莫夫善于离开他认为已研究完的物理学领域。因此，他在很多领域做出了重大贡献。伽莫夫提出了宇宙大爆炸核聚变理论，说明了元素如何在宇宙的初始时刻形成一个火球。伽莫夫在恒星理论方面也取得了重要的进展，阐明了恒星内部的剧烈燃烧。1948 年，科学家托马斯戈·尔德（Thomas Gold）、赫尔曼·邦迪（Hermann Bondi）和弗雷德·霍伊尔（Fred Hoyle）提出了一个关于恒稳态宇宙——一个没有起始点的宇宙——的数学模型。这年，伽莫夫和两个同事开始证明，宇宙存在一个开始（起点）。他们研究了如果宇宙开始于一个由能量和物质组成的火球会是一种什么样的情况，结论是，目前的宇宙将充满温度很低的光子。没有人知道如何寻找这种"宇宙微波背景辐射"，这种想法很快被遗忘了。1965 年，天文学家偶然发现了宇宙的背景辐射。

阿诺·彭齐亚斯（Arno Penzias）和罗伯特·威尔逊（Robert Wilson）首次证明了"宇宙大爆炸"，并因此获得了诺贝尔奖。伽莫夫对

"宇宙大爆炸"理论的贡献被忽视了数十年，人们依然不了解他的研究细节。然而，在物理学的一些角落，人们开始重视他的贡献。例如，人们已越来越清楚地意识到，不能再忽视"混乱"了。

你可能根据历史的经验知道"混乱"的含义。亨利二世肯定没有这么说过坎特伯雷大主教托马斯·贝克特："谁给我赶走这个烦人的（turbulent）牧师？"但是，这句话依然是英国学生们学习的著名的历史引语之一。对历史学家而言，"混乱"（Turbulent）意味着"令人讨厌"（troublesome）；对物理学家而言，"混乱"（turbulence）也意味着麻烦——因为它很难处理。当事物进入复杂的和不可预测的状态，就会出现混乱。诺贝尔奖获得者物理学家理查德·费曼（Richard Feynman）曾将"混乱"（turbulence）描述为"经典物理学中最重要的有待解决的问题"。这个问题目前依然未得到解决，这也许正是没人愿意面对伽莫夫的想法的原因。

1954年，伽莫夫从宇宙辐射的观点向前又进了一步，开始考虑早期宇宙中的气体粒子聚集为星系的那一刻的情景。他认为，假设"原始气体处于大规模的不规则运动状态，也就是处于混乱状态"，那么，聚集过程应该是可以观察到的。这是一个有预见的假设。

混乱是一种容易被看到的东西。河流缓缓地流动，比如泰晤士河流过伦敦，它不存在紊流（混乱）。但是，山溪中快速流动的水就存在紊流（混乱）——至少部分存在。大多数的紊流都是三维的，有时会表现为涡流——有点像旋涡——它存在不可预测性。如果水流为紊流，你就无法预测几分钟后特定水分子的位置，即便你知道作用在水分子上的力以及它目前的位置和速度。紊流的存在使天气情况变得难以预测——海洋和气流中的紊流意味着我们无法预测寒冷气流和温暖气流或者寒冷水流和温暖水流会在何处停止。

但是，涡流是紊流的现实标志。涡流就像被气流围绕的实体结构——想一想飓风、龙卷风，或者不那么恐怖的烟圈，烟尘微粒聚集在涡流周围，使不可见的涡流变得可见。在 YouTube 网上有 A340 客机在雾中降落的精彩视频：翼尖会产生涡流，你可以看到涡流的形状，非常漂亮。

旋涡与涡流非常接近。旋涡与涡流都没有严格的定义，特别是，它们之间的区别没有被严格定义。旋涡一般指流体强力通过障碍物后形成的小规模的弯曲流动；涡流的形成是自发的，被定义为沿着完整圆周的流动。

不管如何进行严格定义，在宇宙大爆炸时，原始气体在极高温度和极大压力下的流动一定存在涡流和旋涡。伽莫夫说，这些涡流和旋涡就是我们今天看到的星系的种子。

伽莫夫刊登在美国科学院论文集上的报告中有一些令人吃惊的句子。例如，他说，气体中的旋涡会产生低密度区域和高密度区域，对应区域中的气体会被压缩或者被扩展。因为这种气体是星系形成的触发器，我们有希望找到高浓度星系区域——高聚集度——和星系较少或者没有星系的区域。他说，星系在整个宇宙的分布代表着"石化的紊流"。观察目前星系在空间的分布，肯定能获得这种初始紊流的证据。但在当时，几乎没人对这感兴趣。

值得指出的是，在科学史的那一阶段，几乎没人相信出现过"宇宙大爆炸"。在多数人看来，戈尔德、邦迪和霍伊尔的不变的恒稳态宇宙学说更有意义。重视"宇宙大爆炸"的一个人是威拉·鲁宾（Vera Rubin）。

大家更多知道的是：鲁宾是重新发现暗物质的女人，我们在后面会继续讨论暗物质。鲁宾的博士论文遵循了伽莫夫的观点。她的论文是对星系运动的天文学研究，表明银河系的运动模式符合伽莫夫的紊流模型。她的论文发表于 1954 年，是对宇宙大爆炸模型的罕见的支持。

鲁宾的研究结果没能在重要杂志上发表，很快就消失无踪了。这是因为，科学总是不愿放弃它所喜欢的观点（恒稳态宇宙论）。这或许是因为，我们前面说过的，紊流太难处理。我们依然不知道如何求解宇宙模型的数学方程组，正因为如此，我们关于宇宙进化的方程被搁置一旁。如果这是一种疏忽，那也是一种务实的做法。如果考虑了紊流，宇宙大爆炸模型将很难完成。麻烦的是，实用主义似乎又来侵蚀我们了。

我们目前所认同的宇宙大爆炸理论的核心支柱是假设宇宙在各个方向上是相同的，没有上下、左右、顺时针逆时针之分。这就是所谓的"宇宙学原理"。也就是说，无论在什么地方、无论是谁、无论从什么方向去看，宇宙都是相同的。我们关于宇宙如何演变的方程依赖于这一假设。如果这一假设是错误的，所有的理论都将崩塌。因此，当乔澳·马盖若（JoäMagueijo）和凯特·兰德（Kate Land）发现"邪恶轴心"时，每个人都感到非常恐怖。

提出这样一个有点恶作剧的名称，体现了马盖若的个性。他喜欢支持存在疑点的主张，想当然地提出异议，对外行提出赞扬——具有葡萄牙人典型的傲慢和魅力。许多研究人员都会掩饰或者忽略威尔金森微波各向异性探测器（WMAP）获得的异常数据。但是，马盖若没有这么做——"这不对！"，他会用粗壮的记号笔圈出异常的数据。后来，他发表了一篇论文，专门分析数据的"异常校准"和"神秘"关联。论文发表时，他用了政治家谈论全球恐怖网络时喜欢使用的一个名词，这样做的时候，他的脸上肯定带有得意的笑容。因为这就是宇宙中的恐怖事件。

威尔金森微波各向异性探测器（WMAP）于 2001 年 6 月 30 日发射升空，一直收集着宇宙微波背景辐射信息。宇宙中充满了大量的光子，就像 1948 年伽莫夫预测的那样。光子是在宇宙大爆炸 370 000 年以后产生的，光子的特性可以给我们提供当时宇宙状态的有关线索。根据这种背景辐射以及其他方面的一些研究，我们分析得出了对宇宙组成和年龄的目前的这种估算。

微波背景光子都具有大致相同的温度：低于 3K，也就是 -270℃（伽莫夫 1948 年的论文给出的是 5K——差异不大）。然而，威尔金森微波各向异性探测器（WMAP）揭示了光子温度的细微差异。这种差异在整个宇宙中是随机分布的，这支持了宇宙各向同性的观点：不管你在什么位置、从什么方向去看，宇宙都是相同的。但是，马盖若和兰德确定了一个区域，在该区域中，光子的温度差异似乎是有序排列的。

起初，大家都认为马盖若和兰德错了。然后，人们又认为这肯定是某种幻觉，统计学上的偶然巧合有时会使科学家陷入歧途。2010 年，威尔金森微波各向异性探测器（WMAP）团队的官方观点是：光子的温度差异确实存在，但也不必为此担忧。问题是，在威尔金森微波各向异性探测器（WMAP）以后，用普朗克望远镜观察时，依然观察到了光子的温度差异。普朗克望远镜的分辨率比威尔金森微波各向异性探测器（WMAP）更高，它的灵敏度是后者的 10 倍。根据普朗克望远镜的数据，"邪恶轴心"很快引起了一个关于宇宙学原理的现实问题。然而，在这里，这还不是唯一的一个问题。

在半人马座和船帆座之间有一片几乎空白的区域，该区域在 2008 年得到了许多研究者的关注。一组天文学家通过观察发现，大量星系团正快速飞向这个空白空间。这些星系的运动速度接近 100 千米/秒，这一现象令宇宙学家感到不解。因为我们前面说过，宇宙的空间结构在各处是相同的。

发现这一异常现象的人是萨沙·卡什林斯基（Sasha Kashlinsky），这种异常现象目前被称为"宇宙暗流"（Dark Flow）。这一发现并不是偶然事件，但是，回过头来看，卡什林斯基的探索似乎有点唐吉诃德的精神。他质疑我们的宇宙模型的基本假设，有意探索人们认为不存在的东西。他收缩了研究范围，瞄准了一个目标——超大星系团。用宇宙学术语来说，他是一个独角兽猎人。让所有人感到惊奇的是，他找到了独角兽。

探测巨大星系团的唯一办法是研究微波背景辐射的光子。光子与超星系团中的热气相互作用时，能量会出现细微的变化。这种变化非常微小，只有最大的星系团才能表现出明显的效应。

　　星系团的运动对光子的影响更加细微。光子从运动的热气上弹开时，它的能量变化会出现多普勒频移，这种效应与路面驶过的救护车的警报器的音调变化相同。因此，卡什林斯基认为，值得寻找与大型星系团相遇的微波背景光子的多普勒频移。宇宙大爆炸理论的顽固支持者不希望他这么做。

　　宇宙中的星系、星系团和一切别的东西应是以不引人注意的方式缓慢运动，不会在宇宙空间中急速运动。因此，卡什林斯基和他的小组在发现上述现象整整一年内都没告诉任何人：他们不想让人觉得自己很愚蠢。他们不断检查数据，终于公布了自己的发现：星系团在宇宙中向着一个方向快速运动。他们的发现得到了必然的反应：你们肯定是什么地方做错了，进一步的分析将会否定你们的发现。但是，宇宙暗流并未消失，问题变得更严重了。

　　卡什林斯基最初发现800个星系团快速运动向船帆座和半人马座之间的空白空间。再次观察时，他们发现了1 400个星系团。他们看到了距离地球30亿光年之外离我们快速而去的星系团。它们好像争先恐后地要逃离宇宙。

　　许多人认为，星系团肯定是受到了可见宇宙（我们所能看到的最远处，受光速、宇宙年龄以及膨胀速度的限制）边缘之外某种巨大结构的引力。

　　宇宙大爆炸理论本身就存在问题。很显然，宇宙并不是各处都相同。观测到宇宙暗流以后，我们又发现了超巨星结构。巨型超大类星体群的长度为40亿光年，可达宇宙直径的二十分之一。在这样的距离上，你不会看到任何异常的东西。这是盘踞在宇宙论"入口"处的另一只"独角兽"。

　　寻找天文学的"独角兽"是件费力不讨好的事。这一发现已给卡什林斯基贴上了"争议"的标签，他已卷入了很多关于他的工作的激烈争论。约翰·韦布（John Webb）对这一情况了解很多。

我们现在已经发现了邪恶轴心和宇宙暗流。现在，如果你做好了面对更多混沌的准备，我们可以设想一下 α 轴：关于这一轴线的物理学定律在宇宙的不同方面是不同的。

α 是一个基本物理常数。它是一个数字，大约等于 1/137，是确定光线与物质如何相互作用的方程中的一个常数。上述方程对许多物理学分支都很重要。它可不仅是一个常数，它还是物理学的一个核心支柱。

天文学家约翰·韦布（John Webb）指出了这一问题。韦布最初使用夏威夷莫纳克亚天文台的凯克望远镜研究来自遥远类星体的光线。他得出结论，当光线通过星际气体云到达凯克望远镜时，α 的值与地球上测得的值会有少许不同。

当光线与气体云相互作用时，光线的一部分能量被气体原子（或者分子）中的电子吸收。被吸收的能量对应于光谱中的具体频率，准确的数据与 α 有关。韦布注意到，当类星体的光线通过星际气体云时，光线中错误的部分会被吸收。其中一些频率高于地球上光线与物质发生相互作用的频率。另一些频率又低于地球上光线与物质发生相互作用的频率。韦布想了很多办法来解释这一现象，符合证据的唯一解释是，气体与光线相互作用于亿万光年之外，α 比目前地球上的值小大约百万分之一。然而，韦布目前发现的证据表明，物理学定律不但会随时间而改变，还会随空间而改变。实际上，物理学定律存在一些局部的细则，会随位置的变化而出现一些细微改变。

韦布并不是独自在研究这个问题，还有很多研究人员也在研究这个问题。迈克尔·墨菲（Michael Murphy）和朱利安·金（Julian King）就是这样的研究者。金的工作是分析凯克望远镜的观测结果，将凯克望远镜在北半球天空收集的数据与"超大型望远镜"在南半球天空收集的数据进行比较。

从地球的另一面进行观察时，α 不是变小了，而是变大了。设想通过地球南极和北极的一根线在宇宙中延伸。在宇宙中越往"南"走，α 的值似乎变得越大。在另一个方向上，越往"北"走，α 的值越小。墨菲做了一个漂亮的总结："如果我们以前的结果没有违反物理学定律，那么，我们现在的结果一定违反了物理学定律。"另外，韦布的 α 轴线似乎与卡什林斯基的宇宙暗流的方向一致。这样就使我们很难像美国国家航空航天局（NASA）那样，把宇宙"邪恶轴心"当做一种统计学的偶然事件不予考虑。

如果韦布是正确的，那么，α 轴线就破坏了我们所有的物理学定律——以及帮助我们人类编写的宇宙历史。α 可能在时间和空间上不同，这意味着，宇宙大爆炸时的物理学定律也可能不同。

韦布的研究还在继续。许多人不相信他的发现是正确的，为了使怀疑者改变态度，韦布的证据还要获得有力的统计学支持。但是，在目前，还没人能找出韦布研究工作的缺陷。他对这一现象已经研究了近 20 年，他的方法、数据乃至他得出的结论还没有遇到严重的挑战。他曾经听到的是，"我不相信"，"噢不，不要再提约翰·韦布！"

然而，他没有听到迈克尔·隆戈（Michael Longo）这么说——隆戈认为，所有这些轴线都能利用他观察到的宇宙自旋来解释。

"这样的主张，如果被证明是真的，将会对宇宙学产生深远的影响，很可能获得诺贝尔奖。" 迈克尔·隆戈在一篇论文的审阅报告上这么写道。尚不明白他是在嘲笑作者，还是对作者印象良好。但是，必须认真对待隆戈提出的宇宙存在自旋的观点。

隆戈和他的小组利用位于美国新墨西哥州阿帕奇波因特天文台的望远镜观测天空，观测到了数十万星系的自旋方式。通过研究星系的螺旋曲线，可推断星系的转动方向。天空中大多数星系的旋转方向是随机的。可以在天空中画一条虚线，使虚线偏离星系旋转轴线 10 度。沿着这条虚线观察，你会发现更多的星系朝着一个方向旋转。在可观察到的 15 000 个星系中，左旋的星系比右旋的星系多大约 7%。这种现象是一种统计学偶然事件的可能性大约只有百万分之一。主要是因为，当你观察南部天空时，你会看到相同的现象，只是方向相反：右旋星系比左旋星系多。

星系像自行车车轮一样在旋转——请记住，伽莫夫和鲁宾的研究表明，星系很可能是宇宙大爆炸刚结束以后物质素流形成的结果。所有星系的旋转形成了宇宙的角动量。物理学家知道，角动量与能量一样：它不能被产生，也不能被销毁——它只能从一个载体转移到另一个载体。这就意味着，宇宙产生时就在旋转。如果宇宙在旋转，那么肯定存在一个转轴。按照我们常规的理解，宇宙不该有的东西就是转轴。

我们讨论了宇宙的轴线，宇宙轴线引起了关于宇宙大爆炸常规观点的问题，接下来继续讨论。 在讨论这些问题之前，我们先看看另外两种东西，这两种东西破坏了宇宙学家编写的关于宇宙的完美故事。这里，我们先谈谈锂。

你可能对锂不会感到陌生，因为它给你的手机和便携式电脑提供电源——几个小时以后，电量就会消耗殆尽。不过，下次对着没电的锂电池摇头时，请先花点时间了解一下锂电池。我们已经知道，你身体中的原子是宇宙大爆炸亿万年后的超新星爆炸形成的。因此，与你手机电池中不可或缺的锂原子相比，你身体中的那些原子都是宇宙中的少年。锂原子，产生于宇宙生命开始后的三分钟之内。

想想，你手中拿着的东西有多么古老。人们对锂的关注与对它的惊奇一样多。我们所知道的是，宇宙中丰富的锂与宇宙大爆炸应该产生的化学遗产不相符。

目前的宇宙故事是——宇宙诞生时就存在能量。一些能量凝聚于所谓的基本粒子：夸克和电子；三个夸克通过所谓的"强力"聚集在一起，形成质子和中子；一个质子和一个电子在电磁力的作用下结合在一起，形成第一个氢原子；氢原子与中子融合、耦合，形成氘原子；这些原子不断形成更大的原子，直到形成锂原子；第一个恒星形成，最终产生了超新星以及产生重元素所必需的条件。

宇宙活动的这一阶段称为大爆炸核聚变（伽莫夫首先对这一过程作

了研究）。总的说来，这方面的研究获得了丰富成果。宇宙中观测到的氦和氢的量与理论预测非常一致，成为了支持宇宙大爆炸理论的最有说服力的证据。但是，法国的两位天文学家却从中发现了问题。

在人们通过莫纳克亚天文台的望远镜第一次观察到 α 轴很久之前的 1981 年 3 月，这两位天文学家接待了另一位现有宇宙故事的"颠覆者"。弗朗索瓦（Francois）和莫妮克·斯柏特（Monique Spite）正利用加拿大－法国－夏威夷的望远镜进行观察。他们试图估算长蛇座内恒星中各种元素的量。

因为我们知道各种元素获得能量时发出的不同颜色，根据燃烧的球体发出的光可判断其中所含的元素。把星光展开成不同的颜色，就像水滴将日光扩展为彩虹那样，你就能推断是什么元素产生的光。斯柏特根据对 HD76932 星的观察结果指出了关于锂的大问题。

HD76932 星的年龄是太阳的两倍。它上面的锂一直在减少——在热核反应中燃烧，但与应该消耗的量不符。这个推论过程很复杂，超出了本书的范围，但是，这个古老星球上丰富的锂给我们拉响了警钟。斯柏特在此后一年发表的论文对这一情况作了深入的分析。主要的一个原因是，宇宙中锂的量比我们曾经认为的量要更多一些。

过了 30 年，这种异常现象依然存在，实际上是变得更严重了。斯柏特一直对锂－7 进行观察，锂－7 是锂的同位素，它的原子核含有 3 个质子和 4 个中子。我们知道，目前宇宙中锂－7 的含量只有宇宙大爆炸理论认为的三分之一。我们还知道，锂－6 的量太多，锂－6 的原子核含有 3 个中子。确切地说，锂－6 的量多出了理论值的 1 000 倍。

到目前为止，我们知道锂元素的量不符合宇宙演变的故事，还有 4 种现象违反宇宙学原理。牛津大学的粟波·萨卡尔（Subir Sarkar）总结了这些发现在科学中产生的不安。他告诉《新科学家》杂志，考虑这些发现将会让宇宙学变得"异常复杂"。此前，由于膨胀、暗能量和暗物质的存在，宇宙已被我们搞得非常复杂。

我们先讲一下"暗宇宙"的首次发现。早在 1933 年，瑞士天文学家弗里茨·兹维基（Fritz Zwicky）认为，以前的研究肯定遗漏了一些东西。他注意到，星系团在高速旋转，这意味着它们会相互远离：离心力肯定比较大，足以克服恒星之间的引力。他由此证明，肯定还存在更多的我们看不到的物质——这些"暗物质"的万有引力将星系团保持在它们的位置上。

当时，兹维基的观点并未引起人们的重视。20 世纪 70 年代，当威拉·鲁宾（Vera Rubin）得出类似的结论时，人们才认真地对待这一结论，开始寻找暗物质。天文学家按照质量－能量对宇宙的内容进行分类，因为质量和能量可以互相转化，正如爱因斯坦著名的方程 $E = mc^2$（E 是能量，m 是质量，c 是光速）所显示的那样。我们的计算表明，用质量－能量来衡量，暗物质几乎占到了宇宙的四分之一——这使人们更加感到惊奇，因为我们还未发现任何暗物质。

同样，我们也未发现"暗能量"的来源。我们所知道的只是，"暗物质"使宇宙的膨胀在加速而不是在减速，而在我们所期望的宇宙中，任何东西都会对其他的东西产生引力，这必然会使宇宙的膨胀出现减速。有人指出，暗能量的存在是人们根据对超新星的爆发和湮灭过程的观察结果推测出来的，因此暗能量是另一种宇宙幻觉。如果我们抛弃我们对空间和时间的本质的一些假设，暗能量也就不存在了。

目前主流的观点认为，暗能量占宇宙的四分之三少一点，暗物质占宇宙内容的不到四分之一。这意味着，宇宙的 96% 是看不到的，我们能看到的只有很小的比例——大约 4%。宇宙的标准故事遗漏了宇宙的大部分内容。阿兰·古斯的膨胀理论是这个故事的核心——因此他得到了300 万美元的支票。但是，这个故事也遇到了难题。

膨胀理论用于解决宇宙学家讲述宇宙故事时遇到的两个问题。 它们是"地平线问题"和"扁平问题"。

"扁平问题"指宇宙中物质的密度神秘地处于"恰好"的水平。宇宙中恰好具有足够的物质，这些物质的引力恰好能使大爆炸后宇宙不受控制的膨胀停止，不会形成更多的恒星和星系。同样，也不存在太多的物质，不会使宇宙膨胀后立即坍塌。宇宙的这种满足需要的精确程度会令你感到震惊——宇宙中物质密度的值与要求值的误差不超过 1/1057。这使宇宙学家感到震惊，他们自然地怀疑这是一种巧合。

"地平线问题"讲起来较简单，解决起来却较难。问题是：宇宙令人难以置信的平顺。宇宙的直径大约为 260 亿光年，看起来宇宙具有一致性。宇宙中各处的温度几乎相同，宇宙微波背景辐射的令人难以置信的一致性也证明了这一点。可是，在正常的演变过程中，事物通常没有足够的时间变得如此平顺。

正如伽莫夫的认为，宇宙开始于能量的剧烈燃烧，所有的东西都具有完全相同的温度显然太不可能。量子理论要求能量存在波动，这种能量波动在宇宙开始的片刻能形成高温区域和低温区域。因为高温区域向低温区域辐射热量，高温区域失去热量，最终达到相同的温度。然而，这种辐射是依靠光子的移动带来，光子的移动存在极限速度（光速）。看看今天的宇宙，我们可以知道，一个显然的事实是，光子没有足够的时间在宇宙的不同区域之间移动——实现温度平衡必需依赖光子移动。简单地说，宇宙太大，无法达到这样的平衡温度。

古斯提出了解决"地平线问题"的方法，当宇宙的所有内容在距离很近的时候就达到了温度的平衡。温度平衡以后，宇宙的尺寸突然增大、膨胀，就像大力士吹气球那样。数据令人难以置信：为了达到我们目前的状态，在膨胀的片刻宇宙会被迅速放大，在 10～35 秒的时间内胀大 1060 倍。美国国家航空航天局（NASA）的"普朗克天文项目"使用的就是这样的数据。如果这样的数据不好理解，可以看看美国国家航空航天局的普通档案："在膨胀阶段，宇宙的尺寸瞬间从亚原子大小增大到高尔夫球大小。"这种说法并不准确，但考虑到膨胀的不确定性，这种说法比普朗克的说法要更准确一些。

标准膨胀宇宙学认为，宇宙的快速膨胀在开始后就立即停止了。就像从山上滚落的石头——它突然快速运动，在到达山脚时明显减速。膨胀结束以后，宇宙的扩展就很缓慢了。

膨胀理论告诉了我们，宇宙如何实现温度平衡，膨胀也解决了"扁平问题"——膨胀使物质扩散，使高物质密度产生的空间曲线变得扁平。这一成就足以让古斯赢得 300 万美元。然而，事实上，这仅是向着解决这一问题的方向前进了一小步。明显的问题是：这是如何发生的？——我们没有答案。

膨胀不仅是一种理论，它还是一个概括性术语，用于描述宇宙胀大的多种方式或模型。有些膨胀速率是恒定的，有些膨胀速率是递增的或者减小的。宇宙胀大的方式存在数百种可能，这意味着物理学家必须寻找宇宙膨胀期间所发生的真实情况的线索，以证明哪些模型是不正确的。

这就是"普朗克天文项目"的任务之一。2013 年 3 月，膨胀理论遇到了一些严重的问题。普林斯顿大学的理论研究者保罗·斯坦哈特（Paul Steinhardt）是这样告诉记者泽雅·梅拉利（ZeeyaMerali）的，"如果你看到我们给出的数据，并依据本能做出判断，你会发现膨胀理论和整个宇宙大爆炸模式似乎遇到了大麻烦"。

公正地说，斯坦哈特并不想真正参与这方面的研究。他多年来一直认为膨胀理论是一种魔术技法，是一件令研究人员尴尬的事情。斯坦哈特的话并未引起多少人的关注，他希望整个普朗克事件静静地过去。后来，哈佛大学一位年轻的天文学家、哲学家安娜·伊尧什（Anna Ijjas）闯到了他的办公室，要求他解释清楚：是否准备让那些讲了宇宙膨胀的无耻谎言的人逃脱惩罚？

伊尧什的手里拿着"普朗克"望远镜运行小组撰写的一份论文。论文中写道，"最简单的膨胀模型已通过了普朗克数据的准确验证"。伊尧什对此感到非常气愤。论文的细节表明，普朗克数据所证明的恰好相反。

普朗克望远镜的观察结果表明，最简单的膨胀模型——例如，膨胀开始后，以匀速进行，然后停止——已经被排除了。剩余的都是更加复杂的——伊尧什认为更加不可能的——模型，这些模型被称为"高原模型"。按照这些模型，膨胀开始时非常缓慢，然后速度会逐渐增加，就像上一个小山坡，最后达到平缓的坡顶。这样，"石头"花费了很长的时间才开始滚动。问题是，宇宙如按这样的模型获得足够的膨胀，必须要求宇宙在膨胀开始时是非常平静和均匀的。这样的起点肯定是错误的——宇宙的起点是炽热的、紊乱的。平静和均匀只是终点的状态。

最终，伊尧什说服了斯坦哈特和哈佛大学天文系的领导阿维·洛布（Avi Loeb），让他们与自己一起设法将这个问题公之于众。后来，他们写了一篇论文，题目是《普朗克2013后膨胀样式的麻烦》。论文写道，"普朗克天文项目已经排除了膨胀的大多数可能，只剩下了少数的可能。糟糕的是，与那些与宇宙学数据最符合的膨胀模型相比，那些被排除掉的模型或许是更'自然的'候选者，但它们对解决'地平线问题'和'扁平问题'作用不大"。

另外，位于瑞士的欧洲粒子物理研究所的那些令人讨厌的希格斯玻色子探索者使事情变得更糟。这很有一些讽刺的意味，因为，他们也曾坐在日内瓦国际会议中心的前排，拿到了自己的300万美元的支票。在日内瓦举行典礼的时候，只有少数人意识到了希格斯的发现与阿兰·古斯的膨胀观点之间存在冲突。这种冲突起源于无伤大雅的小事：玻色子的准确位置。

欧洲粒子物理研究所位于日内瓦郊外，每个参观者都会告诉你，那地方非常难找。建筑物的编号随意编排：如果没有地图，你只能到处徘徊，希望能碰到你想找的楼栋。欧洲粒子物理研究所里负责寻找希格斯玻色子的研究人员大致也是如此。1964年，也是天文学家偶然发现伽莫夫的宇宙微波背景辐射的那年，一组理论研究者提出玻色子应该存在，但不易被发现。

物理学家根据粒子的能量确定它们的位置。因此，当技术可行时，"加速器"物理学家开始通过利用不同能量的粒子的撞击寻找希格斯玻色子。如果一种能量的对撞没有找到，就换一种能量继续对撞。

到 2001 年，我们知道，希格斯玻色子的能量大于 115GeV。又经过了 3 年的研究，将玻色子的能量范围缩小到了 117GeV ~ 251GeV 之间。后来，经过研究人员的重新思考，到了 2012 年，他们将玻色子的能量范围确定在 115GeV ~ 152GeV 之间。最终的结果是，在 125.3GeV 发现了希格斯玻色子。奇怪的是，这对宇宙大爆炸理论而言，不是一个好消息。

希格斯玻色子来自希格斯场，研究人员认为所有空间都充满了希格斯场。正是希格斯场使大多数宇宙粒子获得了质量，质量是对加速或者减速的抗力，是对引力的反应。研究人员认为，膨胀源于一种场——膨胀场——这种场给宇宙提供了突然增长的能量。

我们对希格斯玻色子的深入了解，排除了被普朗克结果排除后剩余的那些膨胀模型。新发现的玻色子产生的希格斯场与普朗克数据排除后剩下的膨胀场之间的相互作用将会缩短膨胀过程。坦率地讲，如果是这样的话，宇宙就不会形成。

斯坦哈特采用了一个巧妙的方法来证明这点。不是设想位于山顶的一块石头，而是设想静止在高耸入云的马特洪峰上的一块石头。他说，含有我们发现的希格斯玻色子的宇宙发生膨胀的可能性，类似于石头落在陡峭山顶上的凹坑里并保持着不滚下陡坡的可能性。换句话说，这是不可思议的，是不可能的。

公正地说，斯坦哈特一直不支持膨胀理论。他支持另外一种模型，这种模型是加拿大安大略省圆周理论物理研究所的内尔·图罗克（Neil Turok）构建的。这是一种自我循环的宇宙模型，没有膨胀阶段。这不是一种流行的宇宙模型，与大爆炸、膨胀、暗物质、暗能量的模型流行度不可比拟。

大爆炸、膨胀、暗物质、暗能量：听起来似乎有点累赘。值得庆幸的是，锂问题目前还没有解决，也没有人提出起源于伽莫夫初始紊流的宇宙自旋是围绕着其他轴线在旋转。当我们把这些问题的答案叠加起来时（如果我们可以找到这些问题的答案），我们会发现，宇宙大爆炸理论看上去不像一个协调一致的叙述，更像一种幻景——不连贯的故事情节无序地纠缠在一起。你可能会说，"这就好像一位艺术家将不同模特的手、脚、头和身体的其他部分作组合。虽然每一部分都画得很好，但它们无法组成一个完整的身体，因为它们不能相互匹配。最后画出来的不是一个人，而是一个怪物"。上面的话是尼古拉·哥白尼（Nicolaus Copernicus）说的，他抱怨天文学家试图使自己的观察结果符合以地球为中心的太阳系模型。科学哲学家托马斯·库恩（Thomas Kuhn）说，"哥白尼的观点具有代表性，代表了那些看到了地平线上正出现的科学革命的人"。库恩还说，"大多数科学家并未意识到正在来临的科学革命——这些人被历史的潮流淹没了"。也许，正是这个时候，古斯和其他一些人觉醒了，意识到了宇宙模型将会发生改变。

这个问题我们暂且讨论到这里——毕竟，以我们现有的方法和工具，无法从根本上理解宇宙的本质。也许，我们需要另一种计算机，阿兰·图灵（Alan Turing）在1936年构思的那种计算机。图灵的基本计算机已运行了数十年，但图灵的"超级计算机"是特殊的计算机。从字面上理解，它可以完成无法完成的工作。令人兴奋的是，这种计算机已经在制造之中。

10   超级计算

阿兰·图灵还有另外一个好想法

想象自然界要比想象一个人难得多。

——理查德·费曼（Richard Feynman）

　　纽约州健康部门出版了一组关于化学品恐怖活动的挂图，其中一条建议就是告诉人们遭受氰化物攻击时的感受。建议指出，遭受氰化物攻击时，你的皮肤会变成樱红色；接触液氰会产生冻伤；人会感到头晕、恶心、呼吸不畅。不管你怎么想，挂图中就是没有提到苦杏仁的气味。

　　小说中的侦探往往会提到杏仁气味，并将人死亡的原因推测为服用氰化物。事实上，闻不到氰化物的情况更少见。18%～20%的男性闻不到氰化物的气味，因为他们缺乏解码氰化物分子特性所需的基因。此外，也有5%～10%的女性存在这样的缺陷。如果有人利用氰化物下毒，女性发现这种恶意的概率显然更高。这也许正是阿兰·图灵（Alan Turing）死亡的原因。

　　1954年，图灵死后，验尸官认定他是自杀。至少，从表面上看，图灵很明显是有意食用了抹有氰化物的苹果。然而，还有一些其他的可能。牛津大学计算机科学家杰克·科普兰（Jack Copeland）在2012年出版的文章中列举了多种可能。他认为，"自杀的证据非常单薄"，图灵可能是被英国特务机关谋杀的。随着冷战的逐步升级，图灵的行为意味着他被当作危险分子并处于警察的监控之下。另一方面，他可能仅是粗心大意。图灵将氰化物放在被他称为"噩梦室"的地方，那是与他的卧室相通的一个小实验室。大家都知道，图灵使用化学物品时比较粗心，氰化物可能无意中洒了出来。如果他闻不出氰化物的气味，他可能会因吸入氰化物气体中毒，或者在吃带毒的苹果时吸入手指上残留的氰化物中毒。

据图灵的传记作者安德鲁·霍奇斯（Andrew Hodges）讲，自杀的裁决几乎可以肯定是正确的——但存在复杂的情节。在霍奇斯看来，图灵的自杀模糊不清，这样，他的母亲就会相信图灵的死只是笨拙的化学实验所致。霍奇斯说，"更可信的是，他成功地策划了自己的死亡，使他的母亲相信这一点"。

科普兰的文章也没给出结论。他写道，"图灵死亡的具体情况依然不清""不应该说他自杀了——因为我们并不知道。也许，我们只能耸耸肩，同意陪审团的裁决，然后重点关注图灵的生命和他出色的工作"说起来容易，做起来难，因为科普兰清楚地知道，即使图灵的工作，也笼罩着荒诞和谬误的迷雾，尤其是他的超级计算机概念。

图灵为大家所熟知的成就是破解了德国非常厉害的恩尼格玛密码机发射的通信信号。恩尼格玛加密使用了连接板与转子的上亿种可能的组合，曾被认为是无法破解的。在第二次世界大战开始之前，波兰的密码专家就试图破解恩尼格玛密码，他们设计了一种"炸弹机"，机械地遍寻所有可能的密码。当波兰面临被入侵的窘境时，波兰人与法国人和英国人分享了他们的工作——波兰的"炸弹机"蓝图给了图灵灵感，他设计出了自己的"炸弹机"。

这种机器是在布莱切里园制造的，这里是政府代码和密码学校的所在地，战争时期图灵一直在这里工作。在寻找线索推测密码的过程中，许多人献出了生命，最终，"炸弹机"终于破解了恩尼格玛密码，使欧洲的战争缩短了 2 年。

　　然而，图灵在计算方面的贡献还远未停止。战争结束以后，他居住在里士满，此间，他设计了一种新的计算机。这种计算机被称为ACE——自动计算机（Automatic Computing Engine）。制造这种计算机花费了5年时间，图灵中途退出了。英国国家物理实验室的主管要求图灵做一些设计更改，他感到心灰意冷。虽然更改符合主管所设想的应用，但图灵已有了另外的想法。1948年，图灵接受邀请来到了曼彻斯特大学，在这里，富有取进精神的科学家已实现了图灵最有预见的设想："贝比"（Baby）计算机。

　　"贝比"是一种具有革命性的设计，能存储自己的程序。"贝比"是一种小型试验机，很快就被下一代计算机——更强大的"曼彻斯特马克1号"（Manchester Mark 1）——取代了。这些工作是迈向目前世界上每时每刻都在使用的计算机的第一步。目前的计算机的工作过程，如简化到最核心的部分，皆完全遵循着与图灵的原始设计相同的程序。而这一切，又基于一位数学家所设计的程序，对此你可能会感到吃惊。

　　你的计算机——假定你有一台计算机且正用它阅读本书——是没有智力的。从根本上来讲，它只是强大地、严格地、高效地模拟人的能力。第一台"计算机"是执行计算任务的人。1936年，图灵设想实现极端的情况，利用机器代替人。为了使计算得以进行，机器需要遵循与人相同的规则。他后来在马克2号曼彻斯特计算机的程序员手册中写道，"电子计算机用于执行确定的经验过程，人类操作员可以以规范的但不需要思考的方式完成这些过程"。

　　最通用的计算机，目前被称为"通用图灵机"。一个人，给他笔和纸，加上无限的耐力和注意力以及明确的指令，他就能做一定的工作。通用图灵机也可以这样做。

　　图灵构思的计算机包括两个主要部件。一个是无限长的纸带，像方格纸一样分成许多方块。纸带可以左右移动，使计算机能从方框上读取或者写入信息；每个方框记录从多种可能中提取的一个符号。另一个是指令，计算机中存储的指令告诉它，读到特定符号时要做什么——比如，"用 X 代替符号，将纸带向右移动一格，读取下一个符号，遵循相同的程序。"如果没有适当的指令，计算停止运行，输出的结果就是写在纸带上的符号。

很难想象这就是家用计算机工作的基础。图灵表明，每一组指令都可以简化为可以利用这样的机器进行计算的一次数学运算（当然，也可以是由人计算的）。你自己可以证明，自己就是一台计算机，通过移动周围的符号来工作。你可以给自己出一个长长的乘法题。你会按照在学校里学习的算法进行计算——这种算法只是数学家建立的多种算法中的一种。计算过程中，你需要考虑数字的位置，要将数字写在特定的位置，就像图灵的通用计算机一样。

以 43×28 为例。你分别写出这两个数字，先写出 8×3 的结果，然后写出 8×4 的结果，相应的数字向左移一位。之后，你会向下移一行，向左移一位，算出 2×3 和 2×4 的结果。最后，将两个数字相加，得出最终结果。

我学的就是这样计算的，你学的也许会有所不同。你可以先用 40×20，然后用 40×8、3×20，最后用 3×8 等。将这些结果上下对齐，个位与个位相加，十位与十位相加，有些需要进位，就能得出最终结果。还有一种方法流行于印刷机发明之前，先画一个田字格，将 43 写在田子格子的上方，28 写在田子格子的左侧。然后在田字格上从左下角到右上角画出对角线，将每个数字依次相乘，结果写入对应的格子中——十位数写在对角线之上，个位数写在对角线之下。然后，将对角线同一区域的数字相加，也能得出最终结果。

这种方法作为一种纯粹的教学工具，在几个世纪以前已经不用了。但是，早期的印刷机不能印刷数字矩阵这样复杂的内容，而是采用更容易印刷的一组规则。所有的东西都是一组规则。无论你选择哪种方法，你只需要确认数字的相对位置，执行合理的乘法（本质上是重复求和），然后将结果写在正确的位置上，以便进行下一步的运算。电子计算机可以完成上面的所有运算，而且还能完成更多的运算。然而，有一件事是它不能做的——这正是超级计算机的关键。

1995 年 4 月，微软公司总裁比尔·盖茨（Bill Gates）参加了一次现场直播，演示即将上市的 Windows 98 操作系统能做什么。 他的合作者将一台扫描仪接入运行新系统的计算机，并宣布说计算机会自动探测到扫描仪并下载必要的驱动程序。但是，让两人尴尬的是，计算机死机了，显示器上出现了讨厌的"死机蓝屏"。

"死机蓝屏"是微软公司的故障警报。它意味着计算机停止运行，必须重新启动。盖茨立马开玩笑地对观众说，"我猜这正是我们还没有上市 Windows 98 的原因"。

虽然这次现场直播中令人遗憾地出现了意外，但是，这种灾难性的软件故障并不罕见。新的软件非常复杂，在编写过程中实难不出现差错。例如，微软公司的 Word 程序就包含了数千万行代码，没有人知道整个软件是如何工作的。

考虑到软件的复杂性，你可能会想，应该有自动代码检验程序，确保不会有输入锁死计算机、使计算机进入无限运行的状态，程序员将这种无限运行称为死循环。不过，这要求程序能判断特定的程序是否运行到了终点还是在继续运行。阿兰·图灵在第二次世界大战之前已经表明，对于"通用图灵机"所代表的这类计算机，上述情况是无法实现的。

1931 年，图灵构建他的通用机几年之前，奥地利逻辑学家库尔特·哥德尔（Kurt Göel）的数学研究取得了进展。他在一篇题目为《论数学原理和相关系统的不可判定命题 I》的论文中指出，每个数学程序都是基于不能证明正确的某种东西而出现。根据后来的"哥德尔不完全性定理"，关于数学，没有东西是值得完全信赖的。

这让全世界的数学家都感到震惊。伯特兰·鲁塞尔（Bertrand Russell）的反应是表明自己感到困惑，他说，"我感到高兴的是我不再研究数理逻辑。这适用于小学生的算术吗？如果是，我们还能相信孩提时代所学的东西吗？我们会认为 2 + 2 不等于 4，而是等于 4.001？"有人将鲁塞尔对哥德尔的理解粗暴地比作"紧盯着黑屏的狗"。

图灵很快理解了哥德尔的不完全性定理，并将它扩展，提出了"停机问题"。正如我们不可能说 2 + 2 绝对等于 4（而不是 4.001），我们也不可能预先知道一个程序是否会最终停止并输出结果，还是会持续运行下去。

停机问题的证明利用了图灵的悖论诀窍。据与图灵一起在布莱切里园工作的杰克·古德（Jack Good）讲，图灵在设计"炸弹机"时的天才手法就是使用了逻辑定理的反例。在适当的情况下，当两种看起来真实的东西相互矛盾时，计算机会给你揭示出你想知道的一切。

停机问题也是如此。这里会给出一个否定句："这个句子是错误的。"如果这个句子是正确的，那么它也是错误的。图灵表明，你可以给图灵机输入同样矛盾的一组指令，确定计算机是否会停机。问题是，如果计算机确实停机了，那么实际上正是这组指令使计算机不断地循环。换句话说，图灵机无法处理这一任务。因此，最终，你无法消除代码中的缺陷，除非你用试凑的办法，或者逐行检查每一种可能的输入——也就是你在脑子里运行程序。

图灵机无法预测一个程序是否能够完成运行，这样的认识不仅鼓励人们坦然接收存在缺陷的程序，还产生了影响深远的结果。这样的认识也设定了一些错误的限制——假设人们或者图灵机什么事都能干，或者假定根据图灵机能做什么来确定其他计算机能完成的任务。换一个角度看，即人们假定图灵机无事不能。

科普兰已收集了一些以这样的方式误解图灵的论点的研究人员的资料。例如，神经学家和哲学家保罗（Paul）和帕特里夏·丘奇兰德（Patricia Churchland）认为，"图灵的结果给出了一些值得注意的东西，也就是说，一台标准的数字计算机，只要有了正确的程序、足够大的内存以及充足的时间，就能完成任何规则控制的输入输出功能。"我们已经看到，真实的情况是，有些规则控制的输入输出功能，图灵机无法完成，但这并不意味着没有计算机能完成这些功能。

计算机科学家克里斯多佛·兰顿（Christopher Langton）说过，"有些行为是'无法计算的'——这些行为无法给用于展示这些行为的计算机进行规范的说明"。克里斯多佛·兰顿的这种说法也存在错误。这一限制适用于图灵机，但不适用于每种可能的计算机。图灵的传记作者安德鲁·霍奇斯甚至列出了科普兰说过的话，"阿兰已经……发现了一些不可思议的东西……通用机的想法，通用机可以完成所有计算机的工作"。

科普兰说，"基本原理和认知科学越早剔除这种荒诞的说法越好"。出现误解的原因是人们没有区分图灵说过的和没有说过的。这正是科普兰想要明确的差别，我们从未理解"我们是谁"、"我们是什么"与"实现人类自我意识的最后的决定性突破"之间的差异。实际的情况是，图灵机无法取代其他计算机的工作。它肯定无法取代超级计算机的工作——图灵已经清楚地说明了这一点。

我们已经看到，图灵机可以高效快速地利用现有算法完成数学运算（就像数学家）。但是图灵自己指出，这并不是它唯一能做的事情。在1938年的博士论文中，图灵设想了另外一种计算机，可超越通用图灵机的极限。

假设我们得到了解决数论问题的一些不详细的方法；假设有一种oracle系统，我们无法深入了解这种系统的本质，只能说它不是一台计算机。利用oracle系统，我们可以构建一种新的计算机（称o-计算机），它的一个基本过程可以解决数论的给定问题。

现在，图灵的"欧米伽-计算机"——只有少数计算机科学家知道它的存在——被看作是一种超级计算机。超级计算机依然是一个充满推测、充满争议的研究领域。但是，超级计算机的潜能使它的发展前景备受人们关注。

很难对超级计算机做出一个令人满意的定义。这是因为，对于每种我们已确定了的如何完成的工作，不是需要无限的运行时间，就是需要非常精确的测量。但是，你也不要忘了。人类的大脑就像一台超级计算机在工作，具有惊人的想象力。所以，我们让大脑来想象。

我们先看看杰克·科普兰和黛安娜·普劳德富特描述的构建用于解决停机问题的超级计算机的方案。

超级计算机的主要计算是二进制数字 0 和 1 的计算。当你按下计算机键盘上的一个键的时候，处理器接收一串二进制数字进行处理。字母 A 对应的二进制数字是 01000001。这样，你可以建立一组输入和指令——一个程序。

科普兰和普劳德富特定义了超级计算机将要严格运行的程序："用一个整数代表（通用图灵机可以模拟的任何计算机的）程序，如果程序终止输出'1'，否则输出'0'。"

现在，我们来看看这种计算机。这种计算机是一种具体的东西，科普兰和普劳德富特建议用电容器和电路来构建。电容器存储精确的电荷量，电荷量可以用由无限的二进制数字串组成的二进制数来表示。

这正是它让人震惊之处。之所以选择电容器的电荷量，是因为它正好可以表示哪些程序停止了，哪些程序没有停止。比如，你想知道代表数字 13 的程序是否即将停止。你找到代表电容器电荷量的二进制数字的第 13 位——如果第 13 位是"1"，程序将会停止；如果第 13 位是"0"，程序将持续运行。工作完成，我们解决了停机问题。

现在，我们会听到激烈的反驳声。我们通过假设解决了停机问题，但我们只是设想了一个永远无法实现的且完全人为的情况。反驳声有充足的理由。尽管如此，我们已经通过想象看到了计算不可计算之事的情景。

下面的设想可能会超出你的想象力，我们设想那些可以让我们进行超计算的、似乎不可能的情况。

例如，图灵机在运行之前，它的纸带上已经"写"上了无数的符号（可以说它具有无限的内存）。这样的改变使它可以计算停机函数。或者说，你有一个图灵机网络，每台图灵机都根据同一条纸带工作，它们以特殊的方式协调对"写"在纸带上的符号的计算。这样就能进行普通图灵机不能进行的计算。

这就是一台容易出错的超级计算机——如果它在特定位置打错了符号，它将执行非图灵计算。牛津大学哲学家托比·奥德（Toby Ord）指出，我们也许已经无意中构建了这样的超级计算机，但它是偶然配置的，它能做的有用的事情似乎只是计算过程的不断延伸。

现在，我们讨论一下概率图灵机。它们在程序运行过程中不是遵循确定的路径，而是根据一定的概率转入下一步（或者另外的一步）。此外，它能计算不可计算的问题，但它不一定有用。人们可能会看到以某种量子计算原理工作的超级计算机，其中，氢原子的一个电子可以同时占据无限范围的能级。也可能会出现依据黑洞中心时空无限弯曲来工作的超级计算机。运行无限长程序的、具有无限种状态的图灵机可以完成各种计算。然而，最令人满意的也许是安装了喇叭的加速图灵机。

曼彻斯特马克Ⅰ号计算机安装有一个喇叭。它能产生图灵所称的"稳定的声音"，通过巧妙的程序控制，它能发出不同长短的声音。马克Ⅰ号首次运行的大程序是演奏英国国歌，演奏期间出现了停机。科普兰指出，喇叭声表示出现了某种重要的事情：计算不可计算的问题。

为了理解它如何工作，我们可以定义一个"时间段"。"时间段"就是计算机执行程序的第一个指令所用的时间。如果计算机的计算是加速的，它执行后一指令的时间是执行前一指令的时间的一半，那么，计算机就能在有限的时间内完成无限次计算。这是计算停机问题的另一种方法，这意味着如果计算机停机，喇叭会响两次。如果两个"时间段"过后没有声响，就说明计算机一直在运行。

待研究的可能情况非常多——至少有 20 种超级计算机模型。是不是每一种模型都值得我们花时间去研究？我们已经知道，如果你问大多数计算机科学家：你是否能构建一台计算机，使它远大于通用图灵机的计算能力？你肯定会得到否定的答案。这正是问题的所在，他们会说，图灵机是通用的。通用图灵机覆盖了整个数学范围内的可计算函数——你只需给它正确的编程，它就能做所有可能的事情。

显然，这是一个极端的、以人类为中心的观点。事实上，通用图灵机最多只是具有与人类数学家相同的能力。人们认为，"大自然的活动永远不会超出图灵机的可计算性范围"。

我们要正视这个问题，我们已经知道，我们对大自然的活动的观点是非常狭隘的。戴维·多伊奇（David Deutsch）、阿图尔·埃克特（Artur Ekert）和罗塞拉·鲁普切尼（Rossella Luppachini）在他们的论文《计算机、逻辑学和量子物理学》中指出，我们对宇宙实际情况的了解完全依赖于我们对物理定律的了解，这些物理定律来自于我们的实验性试验。事实上，我们的试验总是在人类工作的实际宇宙范围内进行的。这意味着，我们眼中看到的现实必然受到我们的时间概念的约束，局限在空间的很少的维度里。我们不应该落入思维的陷阱，不能认为我们的宇宙之外没有其他东西。（从前，我们曾落入过这样的陷阱，例如，接受欧几里得几何学的主导地位。）

欧几里得是希腊数学家，生活在公元前 300 年前后。他编写的教科书《几何原本》将当时所知道的几何知识融为一体。他实际上告诉了你，所有你必须知道的关于存在于平面上的物体的特性。例如，你在扁平的欧几里得空间画一个三角形，三角形的内角和等于 180 度。《几何原本》给出了平行线的定义以及其他你在学校还未完全学懂的知识。不仅是你的学校——每一所学校，每一所学院，每一所大学——数千年来，他们教授的都是欧几里得几何学。几千年来，欧几里得几何学实际上就代表了几何学。

为了理解占领统治地位的欧几里得几何学的思想，我们以法国杰出的数学家卡尔·弗里德里希·高斯（Carl Friedrich Gauss）为例。19 世纪初，高斯就意识到，2000 多年前欧几里得提出的 5 个公理中，有 1 个是没必要的。高斯从 15 岁开始研究这个问题，但他从未发表过自己的研究结果，因为他害怕自己的同事和同行会因为他质疑几何学大师而惩罚他。又过了 10 年，两位勇敢的数学家亚诺·博尧伊（Janos Bolyai）和尼古拉·洛巴切夫斯基（Nicolai Lobachevsky）说出了其他人想到而没能说出来的东西。人们接受这一事实花了 10 年的时间，慢慢地，人们放弃了欧几里得的第 5 个公理。渐渐地，人们开始思考一种可能：欧氏几何学或许不是描述物体形状的唯一方法。2 000 多年以后，我们终于摆脱了欧几里得几何学，构建了其他几何学——非欧几里得几何学。

你在学校肯定没有学过这些。部分原因是，非欧几里得几何学在我们的三维宇宙无法具体显现，在你头脑中的抽象思维空间里很难处理。例如，双曲几何要求你理解逐渐弯曲远离的平行线、三角形内角和小于 180 度等。当你设想宇宙的形状时，这是有用的。阿尔伯特·爱因斯坦的广义相对论需要使用非欧几里得几何学。质量和能量的存在改变了空间和时间的几何形状，使它成为扁平的和欧几里得的，或者双曲线的，或者球状的。从公元前 300 年（还可能更早）到 19 世纪初，没人能想象欧几里得几何之外的东西。现在，我们正努力寻找还有哪些几何学对应于我们的实际宇宙。我们学到了什么？我们学到了不能将自己的大脑局限于某事。

我们通过量子实验已经重新发现了这种观念，量子实验使我们超越了爱因斯坦的几何概念，使我们认识到，我们自认为对空间和时间的特性的了解也许是完全错误的。我们对量子纠缠现象的理解就是一个例子。更恰当地说，我们应该讨论"非局部关联"，因为我们讨论的是两个或更多粒子的行为，不管这些粒子在空间的距离有多么遥远，它们相互之间存在瞬时效应——或者说，就像近得可以互相感应一样。研究人员已经做了这样的测量。首先，生成两个互相纠缠的光子，尽可能远地将它们分开——将它们发送到宇宙的对应的两边去，如果可能的话。选择一个光子，测量它的"旋转"，"旋转"是量子的一个力学性质，可以根据量子的空间定向进行测量。然后，尽可能快地测量另一个粒子的旋转。如果你反复这样做，你会发现，两次测量的结果存在某种关联——

第二次测量的结果取决于第一次测量的结果。

出现这一现象的明显原因是，第二个光子接收到了来自第一个光子的信号，或者说，第二个光子知道了测量的结果。测量中，我们已经设法使两个光子之间的距离足够遥远，两次测量之间的时间也足够短，使两个光子之间不存在信号交换。尽管我们无法将两个粒子发送到宇宙的两端，但是，在 2008 年，日内瓦大学的尼古拉·基森（Nicolas Gisin）和他的同事分别处于光纤网络的两端。两者相距 18 公里，基森根据这一距离得出，如果两个光子之间要传输信号，那么传输速度必须超过光速的 10 000 倍。我们知道，这显然是不可能的。基于此，基森对这种现象作了解释，光子一定利用了存在于空间和时间以外的某种现实规律。

量子理论目前研究的是超出时空范畴的主题，量子实验前沿的这种创新给我们带来了一种新的自由，这种自由将会对我们认为的超级计算机不可能实现的想法产生影响。"很少有像宇宙边界这样重要的物理主张，尽管证据薄弱，依然受到人们的广泛接受。"对那些否认超级计算机可能性的人，托比·奥德是这样说的，"本世纪，那些最聪明的大脑未想出方法制造比图灵机更强大的计算机，但这并不是超级计算机无法被制造的充分证据"。

最本质的是，我们不知道"什么是不可能的事情"。如果我们能想出一种不可能的事情，也许自然界就有办法实现它。在人类发展的目前阶段，我们对计算的理解仍局限于几十年前的水平。否认超级计算机的可能性似乎有点冒昧——尤其是超级计算机有可能打开"心理的宇宙"。

图灵痴迷于一种可能性：他的计算机可使我们透彻理解各种方法，使我们能模仿乃至超越人类的智慧。因此，他构想了著名的"图灵测试"，让人与隐藏的合作者进行对话。图灵指出，"如果不告诉参试者与他对话的不是人而是计算机，那么这种能与人对话的计算机会被参试者认为是有智力的"。

图灵在 1948 年发表的论文《智能机器》中考虑了如何实现这种情

况。论文首次描述了一种计算机，这种计算机通过模仿大脑的可改变连接方式的人工神经元系统进行工作。通过建立或者断开神经元之间的联系，可以对图灵的神经网络进行培训或者教育。图灵非常漂亮地通过演示表明，利用这种系统足以构建一种通用计算机。

图灵只看到了在纸上画出的这种计算机。1958 年，图灵去世后的一年，麻省理工学院的研究人员将图灵的设想变为了现实，首次实现了真正的神经网络。必须承认，从那时一直到现在，我们依然无法模拟人类大脑的非凡能力。首次演示神经网络 40 年以后，哈瓦·希格曼（Hava Siegelmann）描述了一种也许能实现的神经网络。

她将其称为"模拟转移地图"。这不是一个能引起人们注意的名称，但她在 1995 年发表在《科学》上的论文的摘要却引起了人们的注意。"这种计算机的计算能力超出了图灵机的极限……它的计算完全类似于神经网络和模拟计算机。人们推测这种动态系统可描述自然的物理现象。"另外需要指出的是——不同于我们所认为的对超级计算机的理解——她认为，她也许能制造出超级计算机。

即使希望粗略地理解希格曼想制造的东西，也需要掌握一些艰涩难懂的概念——其一是数论，描述数学背后的处理过程；其二是无限（存在无限多的无限）；最后是所有这一切的基础：神经网络。

神经网络是一种用于模仿动物大脑的计算机。脑细胞——神经元——形成一种庞大的互联网络，每个神经元都与多个神经元相互连接。在神经网络中，神经元取代了计算机的简单的处理器，计算机的处理器接收输入信号，以某种方式进行处理，产生输出，提供给另一个处理器。这种网络的高度互联的特性意味着整个网络可以做一些非常超常的事情。

例如，神经网络能够学习，而普通计算机不能学习。给普通计算机一个输入，它运行程序并对这个输入进行处理，产生一个输出。神经网络的配置使它所运行的程序可改变，这种改变依据的是以前的输入和输出的数据，以及程序获得的或者未获得的最终结果。因此，神经网络经过培训可以成为杰出的象棋选手或者扑克选手，能根据扫描诊断癌症，能翻译人类的言语，能开车，能引导机器人……

神经网络的一个特征是处理器之间的连接"强度"可改变。例如，一个处理器有 3 个输入（大脑的典型神经元大约有 10 000 个输入），但每个输入在计算中的作用或者权重并不相同。如果是进行简单的数字相加，可能会忽略输入数 2。如果得出的输出或者动作完全无益于计算机的总体目标，那么下次计算时计算机将会放弃输入数 3 或者将其减半。当计算机尝试了处理输入输出的各种不同的可能方法以后，它会慢慢知道什么样的配置运行顺利，什么样的配置运行不顺利（自我学习）。就像小孩学习骑自行车那样，计算机最终会找到稳定的配置和平衡，得出希望的最终结果。

现在，我们再来谈谈数论。标准的神经网络利用有理数对输入进行加权。有理数包括整数和分数（整数就是 1、2、3 这样的数）。处理器可以对 3 个输入按不同的比例进行加权，例如，1、3/2、1/2。

但是，希格曼的研究表明，处理器可以以不可思议的方法对它的连接进行加权，从而改变神经网络的计算类型。一种方法是使用无理数——例如，圆周率，它是无限不循环的。这样，就改变了神经网络的计算类型。另一种方法是使用混沌系统——例如，适当设计的电子电路的输出。这些千变万化的、不可预测的、不可计算的信号使神经网络超越了图灵机的计算。

标准图灵机的工作范围——它所能进行的不同计算的数量——仅局限于自然数集，也即我们数数时所用的数字。希格曼所称的"超级图灵机"具有更大的工作范围，其工作范围的大小等于用图灵机工作范围的数量作为 2 的指数得出的结果。也就是说，如果图灵机能进行 100 种计算，超级图灵机的计算就能达到 2100。巨大的计算能力加上适应能力和学习能力，使超级计算机必然会成为一种非常重要的设备。

超级图灵机正在制造中：由美国国家科学基金会提供经费，希格曼正与密苏里大学的两位计算和工程学教授合作，将超级图灵机的设想变为现实。他们的目标非常吸引人。一个目标是研究混沌系统——乔治·伽莫夫认为，宇宙大爆炸中肯定存在这种行为，但人类数学（当然也包括图灵机）无法对这些行为进行分析。如果希格曼的神经网络超级计算机能分析混沌系统，那么可以想象的是，它一定能改变我们来自何处的构思。另一个目标是研制智能机器，展示人类大脑所具有的能力。如果可以获得成功，我们将能更深刻地理解"我们是谁"、"我们是什么"。

希格曼和她的同事能成功吗？大多数人都认为他们无法成功，因为超级计算机与无限相关。无理数是无限长的，依赖于无限的处理器一定会失败——难道是不吗？

无限是一个令人惊骇的概念。这一概念一定也使格奥尔格·康托尔（Georg Cantor）的同代人感到过惊骇，他们拒绝接受格奥尔格·康托尔对无限的证明，使他陷入了精神崩溃。

康托尔是 19 世纪德国的数学家，他证明了存在许多种不同的无限。整数显而易见是无限的——不管你数到了多少个数，你总能继续数下去。双数是整数的子集，双数的无限与整数的无限同阶。此外，任意两个整数之间——比如，1 和 2 之间——存在无限个实数，如，1.23456789。康托尔的研究表明，实数的无限大于整数的无限。在我们精神崩溃之前，我们也许应接受康托尔的证明——目前已被人们普遍接受——有无数种不同的无限。

尽管康托尔的证明在数学上是正确的，但在现实中却很沮丧。例如，鲁特格尔大学的数学家多隆·瑞博格（DoronZeilberger）认为，"在数学之外不存在无限这样的东西；即使在数学学科内，无限的概念也会使我们总在原地转圈。"他说，"我们将一事无成，除非我们以这样的思想开始研究——存在一个最终的最大数。"

许多物理学家，尽管不像瑞博格那样激进，也都希望摆脱无限的概念，因为无限的概念使我们对许多宇宙学问题得出了错误的答案。例如，麻省理工学院的麦克斯·泰格马克（Max Tegmark）认为，"正是对现实的、物理的无限的假设才使阿兰·古斯（Alan Guth）的膨胀成为一种可接受的理论"。泰格马克和其他人都说过，"如果我们的理论中没有无限的概念，物理学可以更好地描述宇宙——及其历史。如果放弃了无限的概念，就能解决人们利用不同方案（例如，希格曼的方案）预测的许多问题——在现实世界中，对无限循环或者无限精确的测量将不会成为障碍，而目前很多传统计算机科学家正在预测这种障碍"。例如，谢菲尔德大学的计算机科学家迈克·斯坦奈特（Mike Stannett）说过，"无限精确测量的问题肯定是一个转移注意力的话题"。他指出，"计算，实际上不需涉及测量——仅提供对应于输入的输出"。即使我们不能在这个宇宙中制造出超级计算机，探索超级计算机的思想也是有价值的。我们无法制造具有非欧几里得几何特性的东西，但是，理解这种东西的框架对实现对宇宙的了解，依然被证明非常有用。尽管如此，我们依然有充分的理由对超级计算机保持乐观的态度。据斯坦奈特讲，"在数学或者物理学中，没有东西能阻止实现这样的系统"。

另外，你的头脑里现在也许已经有了一台超级计算机。哥德尔认为他的不完全性定理显示了人类大脑并不是图灵机，图灵机认为人类智慧需要进行更多的标准计算。希格曼构想的神经网络正是模仿大脑。

至今，我们尚不能确定人类大脑是否就是一台超级计算机，但我们至少在一定程度上理解了像希格曼这样的研究人员试图制造的计算机到底是什么。也许，最大的发现将是证明：宇宙与大脑一起合作，产生了人类惊人的技巧。

在我们探索现实边缘的最后行程中，我们将会遭遇一些终使我们陷入深渊的东西——让所有的时钟停止运行，时间流逝将成为一种终极幻觉。

11　时钟滴答

时间是一种幻觉

> 与漂亮的女孩坐在一起，一小时过得就像一分钟那么快。但是，如果坐在火炉上，一分钟感觉比一小时还漫长。这就是相对论。
>
> ——阿尔伯特·爱因斯坦（Albert Einstein）

哈默史密斯医院坐落在伦敦西区一条长长的、笔直的大路旁，由上世纪不同时期的建筑物构成。最早的建筑始于 1912 年，这是一栋雅致的橙红色砖砌建筑，正面有 64 个巨大的框格窗，顶部建有一座钟楼。面向这栋建筑，在你的右前方，你会看到一栋光亮的现代建筑。如果你来的时间恰当，你会看到有人从大楼中走出，他们个个面带着笑容。

我们先来说说一个人，我们称他为 A。他之所以微笑，是因为今天早上在这个医院里，他经历了一个领悟深切的时刻。虽然他的身体被固定在大脑扫描机铿锵作响的金属管子里，但他的心灵得到了放松，他已经感触到了永恒。如果你问他，他会告诉你，他今天早上与宇宙融为了一体。如果你进一步问他，希望了解一些细节，他会耸肩大笑并试图描述自己的经历，但却找不出恰当的词汇。你的典型反应会是：他失去了对自我的感知、失去了对时间的感应、失去了对空间的意识。然后，他很可能会不断地重复，告诉你他与宇宙融为了一体。

175

再想让 A 做进一步的讲述，他也讲不出来。他无法描述自己所经历的奇妙体验。他无法告诉你明天、后日意味着什么，但他的内心对明天有一种感受。已经进行的为数不多的这种实验表明，这种影响能够持续超过一年的时间。对 A 而言，这可能是一个能改变他的生命的早晨。

A 微笑着走远了，他要去搭乘公共汽车回家。我们推开 A 走出了的那扇门，看看里面到底发生了什么。穿过走廊，经过一道或者两道门（这些门带有密码锁，有门禁卡的人才能带你进入），你终于找到了 A 的快乐状态的本因。它是一小瓶含有裸盖菇素的液体。在哈默史密斯医院，患者 A 服用了甲类致幻剂。

从许多方面来讲，哈默史密斯医院的这种研究进行得最好。这里最初是一家工厂，1916 年，联合战争委员会拨款 1 000 英镑将其改为军事矫形医院，对在第一次世界大战中肢体残缺的士兵进行康复训练。当时的病员很多：1916 年 7 月 1 日，索姆河战役一开始，英国就遭受了60 000 人的伤亡。

医院对病员进行心理和身体方面的治疗。大多数伤员由于受伤和战争经历出现了心理问题。许多伤员觉得他们可能再也不能为社会做出有用贡献了。医院工作人员尽其所能地治疗他们的身体创伤，并安排士兵积极参与医院的活动。一些病员参与医疗用品（例如，外科夹板、手术台和假肢）的制造。他们有时会根据自己的体验，提出对假体的改进设计意见。其他人会进入当地的工厂工作，尽量使他们离开医院，恢复正常状态。许多人都学会了一种技能，以从事管道工、电工、裁缝等工作。医院院长罗伯特·琼斯（Robert Jones）将其称为"心理康复治疗"。

大约 100 年后的今天，这项工作仍在进行。目前，哈默史密斯医院裸盖菇素研究的目标是对伤兵进行心理康复治疗。

现代战场上的损伤很容易引起士兵的心理创伤。这种结果被称为创伤后应激障碍，常使受伤者失去正常人的能力。治疗这些士兵的为数不多的方法之一就是心理治疗和安慰：临床医生鼓励他们谈论自己的经历，面对当下的现实。然而，这种方法存在巨大的问题，许多伤兵不愿回忆他们生命中那段最痛苦的时刻。

这正是这种药物发挥作用的地方。研究表明，致幻剂能重构大脑的化学过程，形成一种积极的心情状态，改变受试者对过去关键时刻的看法。然而，我感兴趣的是，这种体验非常像从无情的时间进程中分离出来的、你生命中的一些片段。

当你爬进哈默史密斯医院的功能性磁共振成像（fMRI）扫描仪后，操作人员就能看到你大脑中的血液流动情况。服用裸盖菇素后，大脑的化学过程发生改变，会使人出现某种兴致。对于报告出现最强烈幻觉的受试者，后扣带回皮层和内侧前额叶皮层中的血流明显减少。我们根据以前的研究知道，这些区域负责人类自身的知觉、我们对空间和当时环境的了解，以及我们对两者相互作用的认识。这些区域血流的减少似乎意味着我们飘离了时间和空间。

还有其他方法能使人达到这种飘然状态——修女在进行虔诚的祷告时会出现时间中断的感觉，佛教僧侣也有相同的感觉。他们并未夸大其词：让修女和僧侣在功能性磁共振成像（fMRI）扫描仪内进行祈祷，对研究提供了相当大的帮助。在精神最放松的时刻，他们的后扣带回皮层和内侧前额叶皮层的血流明显减少。人服用致幻药，或者非常虔诚地献身宗教仪式，似乎就能脱离时间的束缚。

这种现象也许不足为奇。在过去的 100 年里，我们所学习的物理知识告诉我们，时间也许只是一种幻觉。

艾萨克·牛顿（Isaac Newton）在《数学原理》一书中写道，"绝对的、真实的和数学的时间，就其自身及其本质而言，是永远均匀流动的，它不依赖于任何外界事物。""所有的运动都可以被加速或者减速，但绝对时间的流动不会有任何改变。"他说，"我们通过研究运动可以测量这种绝对时间的流动——摆钟实验和木星的卫星的亏蚀现象都证明了这点"。

艾萨克·牛顿生活于对时钟着迷的时代。当时的探险家们开始探索海洋，而时钟是导航的核心设备。经度委员会曾悬赏 20 000 英镑，征求一种钟表，它必须要能经受住海上航道的波动，保持精确可靠的计时。这样的钟表被认为是一个国家的财富的钥匙。

在牛顿的宇宙中，时间是一种简单事件。时间在流动，它的流动可以被测量——这是牛顿世界的基础。牛顿的世界中存在过去、现在和将来。存在一个"现在"的时刻——"现在"永远在流逝，甚至在你说出"现在"这个词之前它已经消失了。历史就是由一系列的"现在"组成，"现在"可以用"现在"之前的事件和"现在"之后的事件来定义。

牛顿之后的每一位物理学家想要接受事物的真实情况，必须抛弃时间的概念。

然而，也存在不被时间束缚的文化。例如，巴西乌鲁瓦瓦（Uru-Eu-Wau-Wau）部落的人们尽管可以描述事件发生的前后顺序，但他们没有作为事件发生的背景的、独立于事件的、抽象的时间概念。他们的语言中没有表示独立概念的时间的词汇。他们的语言中没有"年""月"这样的词汇。

1981 年，当乌鲁瓦瓦人首次与部落之外的人接触时，有一半多的人成为了来自"更发达"世界的疾病的牺牲品。由于与矿工和侵占土地者的冲突，他们的人口数量进一步减少，现在的人数不足 1 000 人。他们那种没有牛顿时间概念的文化也有可能随之消失。我们来看看，如何能摆脱你自己的文化而进入乌鲁瓦瓦人的没有时间概念的状态。

"我不相信那些站着，在前面黑板上涂写的教授。" 理查德·基廷（Richard Keating）这样描述他想检测阿尔伯特·爱因斯坦的似乎荒谬的主张的动机。

人们有充分的理由怀疑爱因斯坦的观点。基廷是一位物理学家，在位于华盛顿特区的美国海军天文台工作。他非常了解目前最灵敏的时钟——该天文台的铯原子钟。铯原子具有固有的振动频率——也就是说，它的振动频率是由物理学定律确定的。通过测量铯原子的若干次振荡作为时间期限，美国海军对秒做出了世界上最可靠的定义（如果你怀疑文化的持续性，你可以看看海军，在经度奖之后的 400 多年，海军依然是时钟的守护者）。这为美国提供了时间测量的标准，基廷的工作就是进行全世界最可靠的时间测量；美国海军的主钟位于华盛顿，基廷要带着精确的时钟"副本"飞往需要同步信号的地方。基廷了解时钟，了解那些极度可靠的非常精确的时钟。爱因斯坦认为，时钟以某种方式运动时会发生改变，在接受这一观点之前，必须对它进行测试。

爱因斯坦的广义相对论常常被描述为"超乎想象的难以理解"。如果抛开时间的概念，你会觉得爱因斯坦的广义相对论并不是那么难以理解。如果我们不考虑时间的概念，就像乌鲁瓦瓦人那样，我们就能根据爱因斯坦的理论简单地探索宇宙。

事实上，时间并不是必须的。爱因斯坦的思想始于对光的特性的考虑。当时，光被当做是一种电磁波——假设光不随时间变化，你可以看到光是由电磁场组成的，当你沿着光波运动时电磁场的强度会出现强弱变化。爱因斯坦在 16 岁时就想象了这种情况。他不是假设光波不动，而是想象自己顺着光波运动，这样看到的光波就是静止的。他后来说，当时他有了惊人的发现——如果你这样顺着光线运动，它看起来似乎完全不像光线。因为它的场似乎是静止的，没有强弱的重复变化，这样你就改变了光束的基本特征。

物理学的一个重大原则是物理学定律不随环境而改变。伽利略利用这一原则解释地球围绕太阳转。他说，有些人因为没有感觉到任何运动，所以不相信地球围绕太阳转，应该把他们关在船上。"只要船的运动是匀速的，即没有起伏"，那么你就无法判断船是在运动还是静止不动。在火车站，你也会有类似的体验：相邻站台上到达的列车会使你觉得自己乘坐的火车已经开动。不管你是否运动，感觉——你对物理环境的体验——是相同的。

爱因斯坦利用青少年时期的理解能力制定了世界在不断变化的理

论。爱因斯坦的理论起始于这样的假设：如果在宇宙中平稳运动的人感受光线的方式是完全相同的，那么，光速对所有观察者而言也是相同的。换句话说，光始终以相同的速度——光速——进行传播。几何学和高等数学处理光速的方法比较复杂，但这是我们必须了解的。

即使你在公路上开车飞驰，前照灯的光也是以光速 c 前进，前照灯的光速不会因为灯泡以 70 英里/时的速度运动而变得更快。爱因斯坦很快意识到，这一结果具有深远的影响。1905 年 5 月，爱因斯坦与朋友米凯莱·贝索（Michele Besso）讨论了一些物理学难题，第二天参加了牛顿雕像的揭幕仪式，他在揭幕仪式上说，"时间不能被绝对定义"。

我来简单说明一下为什么。我们即将探索非牛顿领域，但我们还是要从牛顿的理解开始。我们只能测量时间的间隔，总的来说，这是时钟所能做的唯一工作。

忽略牛顿和爱因斯坦相差数百年的事实，让他们同聚于卡拉维尔角。他们都有一个相同的、同步的时钟。爱因斯坦正准备带着他的时钟去空间旅行——他爬进火箭，火箭点火起飞，以接近光速的速度在宇宙中飞行。在这样的情况下，他们的时钟所发生的情况不符合牛顿学说的直觉。

两个时钟都是由原子组成的，都遵循物理学定律。这些物理定律的一个基本要素是光速——当我们写出确定原子如何表现相互作用的方程以及物质与辐射如何相互影响的方程时，光速都是方程的一个系数。因此，当爱因斯坦的时钟相对于牛顿的时钟以接近光速运动时，爱因斯坦的时钟就受到了影响。为了保持参考系中的光速为常数，爱因斯坦的时钟中的原子的运动模式与牛顿的时钟显著不同。

爱因斯坦察觉不到这种差异，因为他身体中的原子的运动模式也是如此。这种差异具有相对性——如果牛顿能以某种方式监测太空船中的情景，他会发现，爱因斯坦的时钟变慢了，爱因斯坦的衰老也变慢了。

原子性质、电磁辐射（例如光）、相对于牛顿的运动速度，以及要求光速保持恒定的宇宙几何之间的相互影响，揭示了关于时间本质的一些奇怪特性——时间可变且非绝对。（任何）实际系统中的时间畸变并不大：必须进行推理性的计算才能得出较明显的结果。例如，爱因斯坦以 0.99 倍的光速离开牛顿运动 100 年，那么，爱因斯坦只老去了 14 岁。爱因斯坦的时钟会证明这一点，不管它是通过机械弹簧、石英晶体振荡、光脉冲，还是铀的放射性辐射来工作。以接近光速的速度运动会对上述过程产生明显的影响。

牛顿对此会深感震惊，牛顿感到震惊才是正常的。理查德·基廷对此并未感到那么震惊，他以物理学家的能力来检验这种理论——他和约瑟夫·黑费勒（Joseph Hafele）带着时钟进行环球飞行。

在他们所做的研究工作中，基廷未发现支持爱因斯坦预测的证据。在华盛顿肖汉姆酒店召开的美国物理学会 1970 年冬季会议上，基廷发现了机会。

约瑟夫·黑费勒谈到了利用喷气式飞机的飞行检验爱因斯坦的理论。黑费勒当时在位于密苏里州的华盛顿大学工作，是一位较年轻的物理学家。他有了好的想法，但无力筹措经费进行这样大胆的实验。这样，基廷参与了进来。1971 年，黑费勒花费了 7 000 美元，买了两套环球机票。他用 3 个名字买了 4 个座位：自己、理查德·基廷和"时钟先生"。他们首先向东飞行了 41.2 小时，然后再向西飞行。

如果告诉你，"时钟先生"就是基廷的一个原子钟，你也许不会感到吃惊（也许会令你吃惊的是，民航公司给出了 400 美元的折扣，因为时钟无需用餐）。时钟的体积很大，需要占据 2 个座位。有一张他们在飞机上的照片——"时钟先生"位于座椅上，背景中有一位女乘务员在核对她的手表。他们看起来非常开心，因为实验进行得非常完美。

10 月 4 日，他们从华盛顿的杜勒斯国际机场乘坐泛美航空公司的 106 次航班，按照预期在空中飞行了 41.2 小时。向西的环球旅行始于 10 月 13 日，耗时 48.6 飞行小时。在每次飞行中，基廷和黑费勒都利用驾驶舱的信息监测飞机的轨迹，密切关注时钟的准确性。在整个飞行过程中，他们只抽空睡眠了 3 个小时。

每次行程结束以后，他们都会根据美国海军的主钟对时钟进行校准。两次旅行的时间存在差异——在向东的旅行中，飞机上的时钟慢了四百亿分之一秒；在向西的飞行中，飞机上的时钟慢了三千亿分之一秒。飞机上的时钟出现了误差，原因很简单。无论你位于宇宙中何处、无论你以多快的速度运动，光速永远不变——正像爱因斯坦预测的那样。牛顿的观点被推翻了。

这可不是一个简单的结果：基廷和黑费勒实验之后的多次原子钟实验都证实了他们最初的发现。我们暂停一下，考虑这一发现的意义——随喷气客机运动的铯原子的辐射与停留在地面上的铯原子的辐射有所不同。按此推理，如果这对铯原子是真实的，那么对你身体中的原子也应是真实的。将人送入太空，使他以每小时数千英里的速度飞驰，这时，他体内原子的运行速率将不同于地球上的人。或者，换种说法，他们衰老的速度不同。虽然我们无法证明这一点，但今天的我们知道，对于在空间站里以飞快的速度（相对于我们）围绕地球旋转数月或者数年的宇航员来说，比一直呆在地球上的人年轻几分之一秒。

这就产生了值得注意的结果。时间畸变——物理学家称其为"时间膨胀"——打碎了我们的因果观念。首先，在宇宙中相互运动的两个人可能看到了两个事件，但他们看到的事件发生的先后顺序不同。此外，另一个受影响的是，常用的"现在"的概念：一个人的"现在"对于另外一个人来说，可能已成为了"过去"，这取决于他们之间的相互运动。

我们无法对这种情况做通俗易懂的解释。常识告诉人们，这不可能是真的，但对现实而言，常识并非一定有用。时间充其量是一盘可望而不可即的"佳肴"。时间很可能根本不存在，它或许只存在于人的大脑。因此，在充分理解时间之前，人们需要寻找更多的证据。事实上，爱因斯坦的相对论只是现代物理学的两大基础之一。现代物理学的另一基础——量子理论——会持怎样的观点？

　　量子理论诞生并发展于 20 世纪的前 10 年。20 世纪 50—60 年代，量子力学犹如一个"懵懂的少年"，开始争取自己在世界上的位置。它愠怒地反对着传统，以至于激怒了曾经培育它的一些人，甚至包括爱因斯坦。从 20 世纪 70 年代后期到 80 年代，量子理论逐渐成熟。这一阶段出现了便携式计算器、微芯片和第一代家用计算机。这个时候，人们已经懂得——相关研究也已经表明——量子理论是万事万物的基础（不仅是电子设备中的所有东西，而是整个宇宙中的一切）。它使你的电话能够使用，它构建了你的身体，它使恒星能够发光，它使空间中充满了粒子（这些粒子随时消失、随时显现）。令人不安的是，我们发现，宇宙背后隐藏的这种能力完全不需要时间。

　　我们已经在无意中发现了量子理论的一些怪异之处。为了理解量子理论中的时间，我们需要考虑以下几个概念。

　　其一，波粒二象性，它对于你的手机至关重要。你的手机内部有一排微处理器。微处理器中有微小的硅片，硅片利用带负电的基本粒子（即电子）工作。我说的是粒子，这样，似乎电子就是带有负电荷的微粒。实际上，更准确的说法是，电子是一团雾。在阳光明媚的冬日，山谷中有时会飘起浓雾——你看不到它起于何处终于何处，你看不清它离地面有多近，你也不知道要爬上多高的山坡才能逃出迷雾。电子设备内部的电子就是这样的状态。

　　这样的状态非常有用，这种状态能使电子像雾一样流过电路。与山谷中的浓雾的区别在于，这种电子雾可以控制。理解了量子理论的规则，也有了控制电路不同部分的电压的方法，我们就能以需要的方式接通或者断开这种电荷流，从而制造出功能强大的计算机。

　　但是，还存在一些困难。有些电荷流按照正常的想法是无法实现的。微芯片的工作依赖于电子的非常运动，类似于你跳过 50 米的栅栏。电子之所以具有这种运动状态，是因为，当电子接近栅栏时，它的模糊性和物理上的不确定性意味着有一小部分电子已经到了栅栏的另一边。给予正确的条件，你就可以让所有的电子穿过栅栏。这需要多长时间？

这个问题没有答案，因为量子理论中，时间不是真实的东西。

这并不是说，这里不存在时间的因素。你可以询问电子在特定时间时的位置（确切地说，你可以询问经过一段时间以后在某个位置发现电子的概率）。但是，这种理论——已经通过了人们所作的所有的实验性试验——不涉及时间。"电子越过栅栏需要多长的时间？"对于这样的问题你得不到任何答案，因为这种理论不涉及这样的问题。如果这种理论准确地告诉我们能量如何通过空白空间、元素如何在恒星中燃烧（实验已证明了这两种情况），那么，其中肯定包含着与时间的不相容。

时间并不是影响宇宙运行的重要因素。当然，对于宇宙中的粒子来说，时间也不重要。以与光有关的粒子——光子为例，光子完全感觉不到时间。当光子以光速运动时，它怎么能感觉到时间？我们已经知道，越接近光速，时间流逝得越慢。对于以光速运动的光子而言，时间是根本不存在的。

这方面的证据在不断增多。1967 年，两位著名的物理学家，布赖斯·德威特（Bryce De Witt）和约翰·惠勒（John Wheeler）想到了一个方法，将量子理论与相对论结合起来，但是，他们的方法抛弃了时间的概念。2013 年 10 月，意大利的一组研究人员的研究表明，这样的宇宙中依然存在时间现象，对于宇宙中的事物而言，时间在流逝。他们建立了一个包含两个光子——光的粒子——的物理系统，并通过演示表明：当从系统外部观察时，光子特性是静止的；当从系统内部观察时，光子特性是变化的。这种现象就是"观察者效应"，即，测量会影响粒子的量子特性。你可以有时间的概念——但它不是一个基本要素。另一个废除时间的论据来自于维也纳大学物理学家查斯拉夫·布吕克内（Caslav Brukner）提出的思维实验。他的思想基于量子理论的奠基者之一欧文·薛定谔曾试图证明为不正确的一种现象：量子叠加。

你也许听说过"薛定谔的猫的实验"，它反映了一个事实：只要不进行测量，粒子可以同时位于两个位置，或者在两个方向上运动。

薛定谔的思维实验是将一只猫和一瓶毒气放在一个密闭的箱子里。

放射性物质辐射的粒子能触发一个锤子下落，砸开毒气瓶。粒子的辐射是一种量子事件，根据辐射方程，在没有进行测量的情况下，粒子可能辐射出来，也可能没有辐射出来。这就意味着，只要没有人打开箱子去观察猫的状态——观察猫的状态就等于间接地测量有无放射性物质发射——猫就处于既活着又死了的状态。

薛定谔觉得这很荒谬，但在量子理论中，这种荒谬却是正常的。这是很明确的，因为安东尼·莱格特（Anthony Leggett）获得了 2003 年的诺贝尔物理学奖，在某种程度上就是因为他在电路中模拟了"薛定谔的猫"。他们不是模拟了既活着又死亡的猫，而是实现了粒子同时在两个方向上的运动。

如同薛定谔的思维实验需要花费一段时间来实现一样，布吕克内认为他的见解也需要花费一段时间才能实现。2013 年，布吕克内和他的同事的研究表明，量子理论的方程告诉我们，粒子可以同时处于两个时刻，而不仅是同时位于两个位置，也不仅是以两种不同的方式在空间运动，而是同时存在于两个不同时刻。

这有点不好理解，我们做个简化的描述，这实质上类似于："爱因斯坦走进房间，看到了牛顿给他留下的信息。他擦掉了牛顿留下的信息，写下了给牛顿的回复。爱因斯坦写完回复信息后，牛顿进入房间写下了原来的信息。这就出现了'爱因斯坦在牛顿之前在房间里'和'牛顿在爱因斯坦之前在房间里'两种情况的叠加。从相对论的观点看，无法说清楚谁先进入房间。"

这种结果依赖于另外一种量子现象：不定性原理，即不能从量子系统获取无限的信息。也就是说，任何测量（包括对时间的测量）的精度都是有限的。在我们最成功的物理学理论的最深处，任何与时间有关的东西都是有局限的。为什么呢？这主要因为，时间不是宇宙的基本要素。

2008 年，基本问题研究所举行了一次关于时间本质的论文比赛。世界上一些领先的物理学家参加了比赛，陈述了自己的观点：在我们已知道量子理论是现实世界的最终裁判者的年代，我们应如何看待时间。论文目录非常吸引人。例如，卡洛·罗韦利（Carlo Rovelli）建议，"如果我们要将量子理论与相对论结合——这是理论物理学的最终目标——必须完全忽略时间的概念，建立引力量子理论。在这种理论中，不会出现时间的概念。"弗缇尼·马寇颇罗（Fotini Markopolou）并未完全否定时间。她说，"时间是有用的。如果我们要保留时间，必须放弃空间的概念：如果我们愿意放弃空间，就可以保留时间，这种交易是值得的"。

竞赛获胜者朱利安·巴尔布尔（Julian Barbour）的观点更加激进。他声称，"量子宇宙是静止的"。"什么事都没有发生，世界就是如此，从来没有变化。时间的流逝和运动都是幻觉。"巴尔布尔的论文非常值得阅读，尽管他承认论文的写作比较艰辛。"描写时间的本质是一项艰巨的任务，"巴尔布尔说道。"与《皇帝的新装》中没有穿衣服的皇帝不同，时间是穿着衣服的虚无的东西。我只能对衣服做一番描述。"他从牛顿的主张开始论述，"绝对的、真实的、数学的时间，就其自身和其本质而言，是永远均匀流动的，不依赖于任何外界事物"，并指出，"如果我们看清了牛顿的奇妙定律的实质内涵，那么，牛顿实际上是搬石头砸了自己的脚，相当于进行了自我否定。"他说，"问题是，研究经典物理学的人都没有给予时间本质正确的关注。因此，我们从情感上来讲，无法离开时间的概念。当时间在爱因斯坦的相对论宇宙中表现奇特、在量子宇宙中完全消失的时候，我们开始感到难以接受。巴尔布尔在论文结束时引用了莎士比亚的话：

"当四十个冬天围攻你的朱颜，在你美丽的园地挖下深的战壕，你青春的华服，那么被人艳羡，将成褴褛的败絮，谁也不要瞧。"

巴尔布尔注意到，"莎士比亚与牛顿不同，他没有尝试描述时间本身，只描述与时间有关的差异。"据他说，这些差异都与我们有关。他说，"时间应该被消除"。

因此，我们知道，构成我们身体的基本粒子不受时间的束缚。我们知道，没有普遍的"现在"，对于"未来"和"过去"的感知以及事物的因果关系，取决于你如何在宇宙中运动。我们知道，与电磁辐射相关联的无质量的光子甚至感受不到时间。时间不是宇宙的基本要素。用巴尔布尔的话说，就是：人们为了解释不存在的东西，给不存在的东西穿上了物理学的"衣服"。我们来看看人类对时间的体验。

尽管我们在感情上依附于时间，但放弃时间将会对人类有益。放弃时间，对贾科莫·科吉（Giacomo Koch）的患者肯定是有利的。科吉在罗马第二大学工作，他在《神经病学》杂志上发表文章报道了一个奇怪的病例：一位 49 岁的男人不能在正确的时间进行工作。科吉报告说，"他说他不能判断工作日是否已经结束。"我们尚不能确定他的工作地点是否有时钟。然而，值得赞赏的是，患者尽管小心谨慎，但往往会犯错误，提早回家。

这引起了科吉的兴趣，他召集了一组健康的人，与患者进行对照试验，测试他的时间感。他让他们说出两个目视信号之间的时间长短。为了防止他们数秒，他们必须读出前面的屏幕随机出现的数字。试验的时间在 5 秒到 90 秒不等，20 次试验后，科吉和他的小组检查了试验结果。

值得指出的是，他们估算的最短的时间间隔都不太准。当时间间隔为 60 秒时，健康的人估计得较准确，而科吉的患者认为只有大约 40 秒。当时间间隔为 90 秒时，患者的估计误差更大，平均在 48 秒左右。

我们来看看患者的经历。患者大脑右前额叶皮层受过损伤；颈动脉中的凝块限制了血液的流动。患者的记忆能力很好，也能注意到外界的刺激，唯一不正常的是他的时间感。大脑损伤能够破坏患者对逝去的时间的感觉。换句话说，时间的推移无疑是一种主观现象。难怪我们会感觉到一些异常，例如，无聊时会感觉时间过得很慢，忙碌时会感觉时间过得很快，在重要的时刻人们会进入慢动作状态。

每个人都有时间似乎停止了的经历。我的经历是：当我从骑着的自行车上被汽车撞下来时，我感觉时间停止了。我当时仅 12 岁，我记得自己被撞飞了起来，那种感觉很奇怪，在空中还能有这样清晰的思维。然而，这实际上是一种不真实的记忆——在关键的时刻，时间并未真正地变慢，使你能注意到细节的情况。我们之所以知道这一点，是因为心理学者彻斯·斯特森（Chess Stetson）曾经说服一群人从 46 米高的塔台上跳了下去。

塔台位于得克萨斯州达拉斯的零重力游乐园，很明显，这次体验不仅是为了娱乐。他们此后发表的研究论文的标题一目了然，《在惊恐事件中，时间真的变慢了吗?》。戴维·伊格曼（David Eagleman）参加了这次体验，他说这是他所经历的最惊恐的事情。

在自由下落的过程中，志愿者要读出手腕上佩戴的"知觉计时器"上显示的数字。这种计时器是由 64 个红色 LED 灯组成的方阵。LED 灯显示的数字交替翻转——先是黑底红字，然后变为红底黑字。如果这种交替显示改变得比较慢，人的眼睛就能看到差异，但是，当交替速度超过一个阈值以后，人就会觉得所有的灯一直亮着。如果在危及生命的惊恐时刻"时间确实变慢了、人的感知意识提高了"，斯特森推论，志愿者应该能看到计时器上显示的数字。

首先，斯特森测出了交替显示的速度阈值，在这样的速度下志愿者能够看到闪烁的数字。然后，他让志愿者试跳，让他们估算下落的时间。安全网距离地面 15 米，下落的时间为 2.49 秒，志愿者估计的下落时间比实际时间长了大约三分之一。在他们的脑子里，时间似乎真的变慢了。

此后，斯特森让他们再跳，这次带上知觉计时器，显示数字的闪烁速度设置为临界速度的 1.33 倍。如果时间真的变慢了，他们在下落过程中应该能看清计时器上显示的数字。

斯特森最终获得了 19 组数据，因为有一名志愿者在下落过程中一直闭着眼睛。但这并不影响试验结果：在下落过程中，没有人看到数字。斯特森在报告试验结果的论文中写道，"没有证据支持在惊恐事件中主观时间变慢的假设"。

这其中的原因在于对事件的记忆。当人们记忆受到感动的事情时，通常倾向于采用"高清晰度"的记忆。大脑编译的数据增加了，感觉好像事件发生的时间延长了。这是一种简单的错误。

人的时间知觉的畸变还有其他方式。思维混乱（例如，精神分裂症）和药物（例如，可卡因和脱氧麻黄碱）能够使人感觉时间加快。罹患帕金森症和吸食大麻会使人感觉时间变慢。我们已经看到，裸盖菇素甚至可以使人进入终极世界。

研究时间的真实内涵能够帮助我们更深入地理解我们的大脑如何感知、以及大脑的哪一部分在感知时间的流逝。目前，研究人员关注的是人的大脑中存在许多不同的时钟。实际上，人们大脑中的时间进程与爱因斯坦的宇宙中的时间概念有很多共同处。

"独立的时钟对于给定的时间间隔会给出不同的记录，这取决于独立时钟所在的环境。"克特林·布胡斯（Catalin Buhusi）和瓦伦·梅克（Warren Meck）是这么说的。与爱因斯坦不同的是，布胡斯和梅克利用一组经过训练的白鼠进行试验后才有了这样的认识。对时间知觉感兴趣的研究人员通过对白鼠进行日常训练，使它们将手柄的操作与特定的时间段联系起来。一个手柄的音响信号持续 10 秒或更短时能释放出美味的食物；另一个手柄的音响信号持续 10～30 秒时能释放出美味的食物；第三个手柄的音响信号在 30～90 秒之间时能释放出美味的食物。这种方法称为三重峰值方法，实验表明，白鼠似乎有 3 个独立时钟，能够单独开始、停止和重置。

布胡斯和梅克在他们的巧妙实验中以不可预测的、不常见的间隔中断音响信号。例如，当音响信号响 15 秒，然后停止 10 秒，白鼠扳动 10 秒手柄的时间比正常情况推后 30 秒，扳动 30 秒手柄要比对连续信号的反应晚 20 秒，扳动 90 秒手柄要比对连续信号的反应晚 10 秒。

使音响信号在不同的时间点停止不同的时间长度，他们得出了白鼠的反应数据，对数据的分析表明，通过音响信号的开始、停止和中断，能引起复杂的停止、开始和时钟重置。他们指出，获得这样的结果所需要的独立时钟的最小数量为 3 个。白鼠的大脑里至少存在 3 个时钟，也许还会有更多的时钟。

人们肯定会想：这些时钟位于何处？通过脑部扫描我们知道，人在确定时间时，前脑深处的纹状体处于活跃状态。纹状体是基底神经节接收信息的中心枢纽，基底神经节控制着很大范围的大脑活动。令研究者感兴趣的是，帕金森症影响纹状体的功能，影响患者估算时间间隔的能力。

前额叶皮层，也就是贾科莫·科吉的存在时间感知困难的患者的大脑受损部位，在人们专注于感知时间时也处于活跃状态。如果无颗粒额叶皮层受损，那么经过训练的白鼠将会失去同时感知两个不同刺激的持续时间的能力，但依然能感知一个刺激的持续时间。

尽管如此，我们仍然不能确信大脑是如何建立时间意识的。但毫无疑问的是，大脑确实能做到这一点。据研究大脑如何创建时间的生物学家介绍，时间似乎具有突发特性：它是大脑中出现的一种特别复杂的东西。在本章结束时，它又将我们带回到物理学家的面前。

设想时间不流逝。物理学家阿兰·莱特曼（Alan Lightman）**在他的著作《爱因斯坦的梦想》一书中做了这样的假设**。他写道，"对于父母和他们的新生宝贝而言，金发碧眼的漂亮女儿永远不会停止微笑，她粉嫩的脸颊会永远闪亮。"莱特曼说，"如果时间停止，心上人永远不会爱上其他人，永远不会失去此刻的激情。"但是，这不是我们愿意接受的事情。莱特曼提出了一个问题："是充满了忧愁但鲜活的生活好？还是像镶嵌在盒子里的蝴蝶那样固定、僵硬但永远安宁的生活好？"

物理学家詹姆斯·哈特尔（James Hartle）从更加文学的角度对这一问题进行了思考。他说，我们的头脑中必须有时间的流动，否则生命将无法衍变。2005 年，哈特尔在《美国物理学杂志》上发表了一篇奇怪的论文。论文的题目是《"现在"的物理意义》，论文讨论了如果有感知的生物能够以不同的方式体验时间将会发生什么情况。

哈特尔作为一名物理学家具有显赫的经历。他是位于圣塔巴巴拉的加利福尼亚大学的理论物理研究所的共同创始人之一。他与史蒂芬·霍金共同研究宇宙的起源。他与穆雷·盖尔曼（Murray Gell - Mann）共同发表了许多关于量子理论的论文，穆雷·盖尔曼是诺贝尔奖金获得者、原子核夸克模型的创始人。哈特尔的智力超人，他乐于思考一些无关紧要的东西，例如，青蛙如何捕捉苍蝇。

要捕捉苍蝇，青蛙必须获知苍蝇的位置和速度信息："它位于何处？在怎样运动？"这些信息必须尽可能是实时的。如果这些信息是 10 秒之前的信息，青蛙就无法捕捉到苍蝇。哈特尔指出，这清楚地表明了，为什么我们的大脑会进化出处理时间的"硬件"。为了超越低等生物，人类需要具有对过去、现在和将来的感知能力，而宇宙是冰冷的、相对客观的，并不存在过去、现在和将来。那些能够感知时间的生物具有竞争优势——他们能够生存下来，他们的这一特性得到了增强。人类之所以具有时间感，是因为：如果没有时间感，人类将无法生存。

为了支持自己的观点，哈特尔做了我们大多数人没做的事情：他构思了能够以不同方式建立时间概念的机器人，这些机器人能够通过自己的眼睛观察世界。这是一个令人不快的观点。

有一个这样的机器人，只是它处理信息的速度太慢，世界从它旁边流逝了。另一个机器人有两个"现在"，两者间隔 10 秒。这个机器人不能生存，因为它在确立时间时需要比只有一个"现在"的竞争者处理更多的信息。还有一种是不能存储信息的机器人，这意味着它没有"过去"，只有依据过去才能建立世界如何运行的简单而有用的模型——我们将这种模型称为"经历"。如果没有"过去"，你就无法学习任何东西，不能了解苍蝇如何在空中飞行，不能选择最佳的出击时机，这一过程需要处理大量的信息。因此，这种机器人的消亡是不可避免的结果。

我们的大脑用唯一可能的方式建立时间，这种方式确定了我们的宇宙中的物理定律，使我们得以生存。哈特尔说，"正因为这样，主观的过去、现在和将来成为了一种普遍认知，但这并不能使时间成为真实的存在"。

时间是主观的。当你以不同的方式在宇宙中运动时，构成你身体的原子会有不同的经历。你的心理会以环境、药物、周围情况、疾病等构成的不同方式经历时间。牛顿的绝对时间只是一种幻觉。

"时间是什么？没人问我，我就知道；有人问我，我需要向问询者解释它，我就不知道。"这是奥古斯丁在 397 年的回答。你现在处于更有利的位置，你可以对问询者耸耸肩，一笑置之。你只需回答，"时间什么都不是"。

结束语

> 我们的探索最终将回到起点，并第一次了解该处。

> ——T. S. 艾略特（T. S. Eliot）

雅各布·布罗诺夫斯基（Jacob Bronowski）将积累知识的过程看作一种冒险，这可能是一种最令人兴奋的冒险。毕竟，现实世界里的冒险被证明是一种非常受限的行为。

数十年以前，人类进行了很多英勇的挑战：极地探险、环球航行、攀登珠峰、攀爬艾格尔峰北坡、穿越沙漠……目前，这样的挑战已经不多了。攀登珠峰变为遵循一组规则和程序，最终变为沿着固定山坡上的维护良好的一组绳索向上攀爬。珠穆朗玛峰在冒险家眼中的地位已大大降低，攀登它的机会留给了那些希望实现特别理想的人。现在，人们追求的是，攀登珠峰的速度更快，或者是否能单独完成，或者使用更少的帮助或设备。今天，真正的探险家倾向于发现自我——自己的机能和极限——而不再注重行走过的区域。

在科学探索中，也存在同样的诱惑——因为很多东西已经被研究过了。比如，我们已经发现了 DNA 组织、剖开了原子、追溯了宇宙的历史。在 2013 年，人类就发现了希格斯玻色子、探索了火星表面、列出

193

了尼安德特人的基因组。科学没有新挑战了吗？

当然不是！尽管我们在科学上取得了长足的进展和发现，但依然有许多未知领域在视力所及的范围内引诱着我们、召唤着我们，一座未被征服的山峰吸引了我们的全部注意力。

阻止我们攀爬科学高峰的困难是多样的，很多时候是技术方面的问题。正如弗里曼·戴森（Freeman Dyson）所说，"科学的新方向更多是由新工具提出的而不是由新概念提出的。"很多时候，我们都是因为没有足够的资源将一个好的思想按照最初的设想坚持到底。待资源充足时，原来的思想已被探索完毕。例如，西格蒙德·弗罗伊德（Sigmund Freud）认为，"一个世纪以前，我们就应该把心理学建立在神经科学的基础之上；心理神经免疫学刚处于起步阶段，我们现在可以读取大脑的状态，并将其与对免疫系统的初步了解相结合"。

然而，我们通常会忙于探索一种思想的内涵而无暇顾及另一种思想。图灵原始计算思想仅出现了非常短的时间，我们今天依然对这种思想所创造的世界感到惊奇。事实上，图灵还提出了另外一个想法——超级计算——这种思想还在耐心等待我们的关注。表观遗传学的情况也是如此，我们对遗传学的研究已经很多，我们长期以来否认环境因素对遗传的影响，这难道不令人感到奇怪吗？

当然，我们可以将其归咎于人类的弱点——喜欢时尚、流行的东西，缺乏耐性。拉马克的思想远不够完美，但人们已对它表现出更多的预期，这将促使表观遗传学更快地发展为一个新的研究领域。拉马克的思想在之前不受关注的原因很复杂——"工具缺乏"、"人类弱点，人类有时会简单地往前冲，走上平坦但是错误的道路。"遗传学的完美故事被证明过于完美，宇宙大爆炸的故事还不够完美，很多细节尚待研究。

有的领域花费数十年的时间就能取得成果，是因为他们付出了勤劳和艰苦。对人类世界以外的文化和性格的观察结果是来之不易的，也是严格的、确凿的，如此才能改变人类对动物的偏见。有的研究领域未能克服人类的天生倾向，未能成为被接受的主流。研究人员推动人－动物嵌合体的发展已接近一百年时间，直至今日依然不能明确人类是否欢迎这方面的科学进展。人与动物性质类似的新发现，也许会将人类在这方面的发展推得更加遥远。

这涉及一个科学大问题。随着科学的进展，它能使我们看得更远，远超人类的日常体验；我们对科学了解越多，就越会感觉到人类的微不足道。对于亚原子世界的发现——在亚原子世界中，卑微的粒子具有如神的性质：它无所不在，不受时间约束——给许多问题带来了麻烦。同样，当我们发现鲸鱼和蜘蛛也有文化和性格时，我们则从物种的神坛上跌落了下来。不过，我们也不必就此妄自菲薄，我们看到了人与动物的共性，也应恭贺人与动物之间的差异。比如，根据珍·古道尔的观察，黑猩猩从未对抗量子论原理。尽管我们还不能完全理解我们周围的世界，但我们至少一直在努力。

天文学家马丁·里斯（Martin Rees）指出了人相对于猿的哲学优势。他进一步指出，"黑猩猩甚至不会对任何事情担忧——它们没有意识到量子论的存在。人类会思考日常生活背后的东西，据此我们可以确信，人类有其特殊性。"尽管人类的思考推理会使我们感到卑微，但是，宇宙论和量子论的存在标志着人类是一种特殊的生物。也许由此看来，人类确有其独特性。我们现在面对的问题是："我们能走多远？我们永远无法理解现实的某些方面吗？"也许是的——但那绝不意味着我们可以停滞不前。即使前景不明，我们也要继续前行。

牛津大学科学家勒格·彭罗斯（Roger Penrose）提出了一个"永久上升楼梯"的视觉幻象。他把他的想法讲给了艺术家 M.C. 埃舍尔（M. C. Escher），埃舍尔据此创作了自己的杰作《上升与下降》。埃舍尔无始无终的四边形梯级是对科学的美好类比，科学已在这样的梯级上攀爬了数百年。我们决不能幼稚地认为，人类已接近了科学的顶峰。当然，我们也不能愚蠢地认为，攀爬是无用功，我们只需静静地站着。

每当我们转过一个拐角，都会看到一些科学思想，这些思想非常难以处理。我们注视着这些科学思想：生物学的量子根源、宇宙是一台计算机、意识的本质……人类在这方面已做了一些研究，但问题依然未得到解决。这些思想还处在不确定性边缘。因此，我们也处于不确定性边缘。

不确定性边缘不是一条固定的线，它是动态的、不断变化的一组答案。这些答案需要修正甚至否定，因此我们需要不断地检查、运动、前进或者侧移，有时甚至需要后退。我们还能怎么做？除了奋力扩展我们的知识和我们的存在的边界之外——即使这种奋斗会暴露我们的无知——人类还有其他道路可走吗？引用理查德·费曼（Richard Feynman）的话，"活着而不知道问题的答案，比知道错误的答案更有意思。"

不确定性边缘颇似明暗界线——地球表面上的一条线，随着地球的转动，黑暗消失，光明来临。光照变化的节奏取决于你所处的位置和你所做的选择。如果你站在赤道上，明暗界线会以每小时一千英里的速度向你接近。如果你越接近地球的两极，明暗界线移动的速度越慢。如果你到达了极点，在一年中的某个时段，明暗界线几乎保持不动。有时，你可以向前走几步，根据你的选择，你可以一直处于白天或者一直处于黑夜。如果你愿意，你可以转动身体，让太阳从你的西方升起。

选择会产生不同的结果。人类的一个最好的特性是，选择面对即将出现的阳光，在不确定性边缘不停地舞动。与地球的转动一样，科学的发展时快时慢：未知与已知的分界线以不确定的节奏向前移动。科学研究在大多数时候是繁琐沉闷、艰苦伤心的——数周、数月、数年无任何进展。在一些痛苦的时刻，人们甚至会怀疑：通往被遮蔽的未知世界的通道是否真实存在。所有的科学进展都是通过艰苦奋斗得来的。正因如此，每当光明到来时，人们总是抑制不住兴奋——有时候会感到豁然轻松。

"不确定、进展、快乐和放松"，对冒险还有更简洁的描述吗？学习新的有意义的知识的努力会促进个人达到自己的极限。奇妙的事情是，先驱会给下一代探险者揭示探索的新领域。科学会测试我们的耐力，总有一些冒险者勇于应对科学的挑战，使人类不断前进。

科学的巨人——如阿尔伯特·爱因斯坦和玛丽·居里——使我们有了今天的成就。未来属于那些勇敢地——甚至急切地——探索今天的不确定性的人。科幻小说作家雷·布莱伯利（Ray Bradbury）说得很好："在科学中，任何事情都始于浪漫——没有什么事情是不可能的。"我们今天看到了当代具有浪漫思想的一些人，对他们而言，不确定性边缘就是冲锋的号角。

我们还有许多需要探索的空间，科学探索才刚刚开始。

著名物理学家、科普作家，带领读者在现代科学的争论领域进行了一次惊心动魄的旅行。

"原子"、"宇宙大爆炸"、"DNA"、"自然选择"，都产生了革命性的科学思想。这些思想在最初出现时，并未引起当时人们的关注。今天，这种令人惊奇的现象依然存在。在《不确定的边缘》一书中，畅销书作家迈克尔·布鲁克斯对未来科学作了详细调研与全新展望。

通过 11 个新发现，布鲁克斯带领我们领略了世界前沿科学。从宇宙起源的观点可能被改写开始，到隐藏于生存意愿背后的新奇生命现象的探索，直至揭示意识的生理学根源。在这一过程中，他分析了为什么我们应矫正临床试验中的性别失衡问题，探索了人类与其他物种如何进行融合才能解决器官供体不足的论题，提出了宇宙是否真的像计算机一样或者时间的流逝只是一种幻觉的新观点。

迈克尔·布鲁克斯，英国量子物理学博士。《新科学家》杂志顾问、《新政治家》杂志作者。他的作品曾在《卫报》、《独立报》和《文摘》等杂志发表。

在不确定的边缘进行探索可不是什么轻松惬意事。与以往相比，我们曾认为不可动摇的事实已开始松动，留给我们更多的是疑问而非答案。值得庆幸的是，科学已为我们展开了令人兴奋的、使人着迷的前景，等待我们的探索。

门外汉都能读懂的世界科学名著。在学者的陪同下，作一次奇妙的科学之旅。他们的见解可将我们的想象力推向极限！

1	量子理论	〔英〕曼吉特·库马尔	55.80元
2	生物中心主义	〔美〕罗伯特·兰札等	32.80元
3	物理学的未来	〔美〕加来道雄	53.80元
4	量子宇宙	〔英〕布莱恩·考克斯等	32.80元
5	平行宇宙（新版）	〔美〕加来道雄	43.80元
6	达尔文的黑匣子	〔美〕迈克尔·J.贝希	42.80元
7	终极理论（第二版）	〔加〕马克·麦卡琴	57.80元
8	心灵的未来	〔美〕加来道雄	48.80元
9	行走零度（修订版）	〔美〕切特·雷莫	32.80元
10	领悟我们的宇宙（彩版）	〔美〕斯泰茜·帕伦等	168.00元
11	遗传的革命	〔英〕内莎·凯里	39.80元
12	达尔文的疑问	〔美〕斯蒂芬·迈耶	59.80元
13	物种之神	〔南非〕迈克尔·特林格	59.80元
14	抑癌基因	〔英〕休·阿姆斯特朗	39.80元
15	暴力解剖	〔英〕阿德里安·雷恩	68.80元
16	奇异宇宙与时间现实	〔美〕李·斯莫林等	59.80元
17	垃圾DNA	〔英〕内莎·凯里	39.80元
18	机器消灭秘密	〔美〕安迪·格林伯格	49.80元
19	量子创造力	〔美〕阿米特·哥斯瓦米	39.80元
20	十大物理学家	〔英〕布莱恩·克莱格	39.80元
21	失落的非洲寺庙（彩版）	〔南非〕迈克尔·特林格	88.00元
22	超空间	〔美〕加来道雄	59.80元
23	量子时代	〔英〕布莱恩·克莱格	45.80元
24	阿尔茨海默症有救了	〔美〕玛丽·T.组波特	65.80元
25	宇宙探索	〔美〕尼尔·德格拉斯·泰森	45.00元
26	构造时间机器	〔英〕布莱恩·克莱格	39.80元
27	不确定的边缘	〔英〕迈克尔·布鲁克斯	42.80元
28	自由基	〔英〕迈克尔·布鲁克斯	预估42.80元
29	搞不懂的13件事	〔英〕迈克尔·布鲁克斯	预估49.80元
30	超感官知觉	〔英〕布莱恩·克莱格	预估39.80元
31	科学大浩劫	〔英〕布莱恩·克莱格	预估39.80元
32	宇宙中的相对论	〔英〕布莱恩·克莱格	预估42.80元
33	哲学大对话	〔美〕诺曼·梅尔赫特	预估128.00元
34	血液礼赞	〔英〕罗丝·乔治	预估49.80元
35	超越爱因斯坦	〔美〕加来道雄	预估49.80元
36	语言、认知和人体本性	〔美〕史蒂芬·平克	预估88.80元
37	修改基因	〔英〕内莎·凯里	预估42.80元
38	麦克斯韦妖	〔英〕布莱恩·克莱格	预估42.80元
39	生命新构件	贾乙	预估42.80元

欢迎加入平行宇宙读者群·果壳书斋QQ：484863244

邮购：重庆出版社天猫旗舰店、渝书坊微商城。

各地书店、网上书店有售。

扫描二维码
可直接购买